U0266131

COLECÇÃO CULTURA DE MACAU

澳门文化丛书

澳门近代
风景园林研究

RESEARCH ON THE LANDSCAPE ARCHITECTURE
IN MODERN MACAO

童乔慧　张洁茹／著

社会科学文献出版社
SOCIAL SCIENCES ACADEMIC PRESS(CHINA)

澳門特別行政區政府文化局
INSTITUTO CULTURAL do Governo da R.A.E. de Macau

出版说明

国学大师季羡林曾说："在中国 5000 多年的历史上，文化交流有过几次高潮，最后一次也是最重要的一次是西方文化的传入，这一次传入的起点在时间上是明末清初，在地域上就是澳门。"

澳门是我国南方一个弹丸之地，因历史的风云际会，成为明清时期"西学东渐"与"东学西传"的桥头堡，并在中西文化碰撞与交融的互动下，形成独树一帜的文化特色。

从成立伊始，澳门特区政府文化局就全力支持与澳门或中外文化交流相关的学术研究，设立学术奖励金制度，广邀中外学者参与，在 400 多年积淀下来的历史滩岸边，披沙拣金，论述澳门文化的底蕴与意义，凸显澳门在中外文化交流中所发挥的积极作用。

2012 年适逢文化局成立 30 周年志庆，在社会科学文献出版社的鼎力支持下，文化局精选学术奖励金的研究成果，特别策划并资助出版"澳门文化丛书"，旨在推介研究澳门与中外文化交流方面的学术成就，以促进学术界对澳门研究

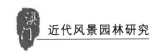
的关注。

　　期望"澳门文化丛书"的出版，能积跬步而至千里，描绘出澳门文化的无限风光。

澳门特区政府文化局

社会科学文献出版社　　谨识

目　录

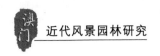

第一章 绪论

第一节 研究背景

自童寯先生发表《江南园林志》以来，中国近现代园林的研究可谓成果斐然。有关江南古典园林和北方皇家园林的研究，如彭一刚的《古典园林分析》和陈从周的《说园》等，已经达到一定深度。从园林的发展史上看，无论是哪个时期的园林或者哪个地区的园林，都是中国园林的重要组成部分，对它们的研究不应当厚此薄彼。但现有的园林研究在时间上多限于明清，在空间上多限于以苏州、扬州为主的江南园林和以承德、北京为主的北方皇家园林。

从时间的角度看，明清园林以外的园林多在讨论园林史时出现，相关的专题研究仍需进一步丰富。目前有关园林通史研究的论著成果丰硕，如童寯的《造园史纲》、张家骥的《中国造园史》、周维权的《中国古典园林史》。部分建筑史著作对园林也有论及，如梁思成的《中国建筑史》和刘敦桢主编的《中国古代建筑史》。可见现有的园林断代史研究，大都集中研究明清时期。这一时期是中国古典园林的巅峰时期，无论在造园手法上还是在技术、意境上都臻于极致。然而从整个园林发展的角度来看，了解其他时期的园林也有着极为重要的意义。例如近代园林作为现代园林的萌芽，处于一个承前启后的阶段，有着不言自明的意义。

从地域的角度看，园林研究的研究对象多集中在苏州、扬州一带，如刘敦桢的《苏州古典园林》、童寯的《江南园林志》、陈从周的《苏州园林》《扬州园林》等。由于中国地大物博，各个地域在地理、气候、经济、文化等方面的条件有所不同，不同地区的园林创造有所区别是必然的结果。除江南园林、北方皇家园林之外的其他地域园林，也同样需要大家的关注与重视。近年来关于岭南园林的研究取得了较为突出的成果。如刘庭风的《岭南园林》系列著述和陆琦的《岭南造园与审美》等研究，逐渐将岭南园林的地位提升。周维权的《中国古典园林史》、徐建融的《中国园林史话》和郭风平的《中外园林史》等已将其论述分为南方园林、北方园林、岭南园林三个部分，这影响了后来的园林创作与实践。这些例子说明了园林的地域性研究和断代史研究的巨大潜力和价值。

因其历史演进的特殊性，澳门在实现历史性的回归之后，进一步成为世人瞩目的对象，获得越来越多的关注。澳门深受东西方文化的熏陶，是中国近代史上一个中西文化的交汇点和中转站，一座中西结合、多元共融的世界文化遗产城市。在岁月的长河中，澳门风景园林一方面在建造中深受西方造园思想的影响，布局对称、规则、严谨，呈现出一种几何式的美；另一方面又处处体现出中国古典园林营造自然山水意象的思想和中式园林的手法与符号，甚至出现了如卢廉若公园般具有苏州园林风韵的名园。纵观近代澳门的风景园林，其中有西式建筑的对称式布局与雕刻，也有中式园林林荫小道、曲径通幽的意境美和叠山置石、水榭楼阁的形式美。在澳门这样一个充满异国情调的城市，颇具特色的风景园林四处点缀，成为澳门特有的城市景观。

众多的近代风景园林是作为高密度城市和历史文化名城的澳门的物质支撑。作为城市空间结构的重要组成部分，澳门近代园林有效地满足了城市居民在活动、休憩、交往、亲近自然和享受自然方面的需求，为居民创造了便利和舒适的环境。因此，澳门近代风景园林对澳门的都市化发展起到了非常重要的作用。

学者刘秀晨曾经分析了中国近代园林史上三个重要标志：一是北京皇家园林在 1860 年和 1900 年的两次罹难，以及慈禧太后用海军经费重建颐和园；二是由于租界和洋务运动带来的西方城市规划、建筑、园林的理论与实践同中国传统模式嫁接、融合，国内出现了一大批西式或中西合璧的建筑和庭院园林，其平面布局、建筑风格和艺术特征都带有鲜明的所谓的民国味；三是城市公园开始大批出现。我们可以发现在近代园林史的三个重要标志中，澳门就占了两条。因此，从研究中国近代园林的角度来看，澳门近代风景园林是浓墨重彩的一笔。

第二节 研究目的与意义

21 世纪是知识经济的时代，历史学、社会学与人类学等人文社会科学与自然科学互相渗透、综合发展，作为工程技术的城市建筑学开始具有更多社会综合性，这些都是 21 世纪学科发展的必然趋势，也正是本研究的主要出发点。本研究力求充分运用多种学科的理论和方法，利用跨学科优势，对澳门的城市建筑学和文化学研究进行完善与补充。

随着城市经济的发展和现代化水平的提高，澳门的历史文化遗产价值日益凸显，已经成为澳门实现城市经济转型、社会进步的重点和竞争优势。因此，对澳门近代风景园林进行归纳、分类，梳理澳门近代风景园林的发展历程、发展特点及影响因素，对比岭南园林文化和葡萄牙园艺，总结澳门近代风景园林的造园理念、艺术表现和造园手法，探讨风景园林的保护评估标准并提供参考，对于科学地保护和开发澳门城市风景园林这一历史文化遗产、挖掘澳门中西结合的多元文化特色、促进澳门经济转型发展，具有很强的学术价值和现实意义。

澳门近代风景园林作为特殊时期的历史产物，是中西文化理念交汇的表现场所之一，其形成过程应该被放置于整个城市发展的历史之中进行考察。澳门近代风景园林的形成与发展深受葡萄牙文化的影响，同时其在城市中所处的位置和与周边环境的关系对整个城市的结构和面貌至关重要。纵观澳门城市风景园林的流变，可以看出澳门城市风景园林在历史绵延过程中受中西文化的共同影响，其发展中夹杂着突变，形成了澳门类型多样且特色鲜明的园林艺术。考察澳门风景园林不同时期的演进过程，在宏观背景下分析不同类型园林的艺术特点和风格变化，对延续澳门城市文脉、维持城市环境的地域特色具有重要意义。

一方面，在葡萄牙殖民政策下诞生的澳门城市公园，是一种不同于中国传统园林的新型公共性活动场所，它传递的西方城市公园的文化理念无疑极大地影响了国人的园林意识，并最终成为推动社会发展的辅助动力之一。另一方面，在复杂的社会体制下，人们不自觉地在城市公园中进行一系列的社会活动，这对澳门公民平等意识的形成起了极大的推动作用，从而可见城市公园在澳门城市现代化进程中的重要意义。

第三节　研究范畴与方法

一　研究范畴

（一）时间范围的界定

一般学术界对近代的定义为从 1840 年鸦片战争爆发到 1949 年中华人民共和国成立的这段历史时期。然而由于澳门的特殊历史进程，本书将研究的时间范围界定为从 1557 年澳门开埠至 1949 年中华人民共和国成立。一方面，从历史上看，自 16 世纪中叶澳门成为葡萄牙进入远东的重要据点起，葡萄牙的商业文化、宗教文化、殖民政治文化便开始渗入澳门，其浓郁的产生于中世纪的文化理念强烈地影响着澳门的建设，鸦片战争前澳门就修建了炮台、瞭望台、坟场园林、寺观园林等城市景观建筑；另一方面，本书在研究的时间界定上将"近代"的范围扩展到澳门开埠至新中国成立的时间段，是为了对近代风景园林的源流有更全面直接的认识，以及将澳门风景园林作为城市整体环境变迁的一部分来把握。

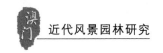

（二）空间范围的界定

本书关注的研究对象为 1949 年前在澳门修建的风景园林，包括澳门半岛、凼仔和路环所有现存的近代园林。但由于澳门的历史特殊性，近代风景园林的建设集中在澳门的历史城区，即澳门半岛和凼仔部分地区。本书先从整体风格上将园林划分为中式和西式两种，再在此基础上根据功能使用和建造意图进一步细分园林类型，将它们分为西式的城市公园、公建庭院、坟场园林、炮台景观，中式的私家园林、寺观园林等。其中，澳门的近代城市公园是本书的研究重点。一方面澳门近代城市公园与花园数量较多，规模较大，最能体现澳门近代风景园林的营造特色，因此它们是本书的主要研究对象；另一方面这些园林处处体现了西式造园的理念与思想，无论在平面布局、功能安排、配套设施、细部处理等方面，还是在园林形式、园林理念、园林技术、园林制度上，都与传统意义上的中国古典园林有较大区别，因此对近代风景园林特质的分析多以城市公园为范本。

二　研究方法

1．文献研究法

通过多种途径收集与澳门近代风景园林相关的文献，如年鉴、地方志、出版物、回忆录、新闻报道等，以及与近代风景园林相关的图集，如城市规划图、测绘图、不同历史阶段的地图、历史照片等。对这些文献资料的选择、阅读、考证和整理可以为以后的深入研究提供系统的资料。

2. 实地调查法

对留存至今的近代风景园林进行实地调研，去园林中探索事件的起因、发展、结果，利用文字描述、摄影、绘画等形式对各因素进行记录，以此作为各种分析研究的基础性资料。

3. 典型案例法

通过对城市中具有典型特征和文化内涵的园林进行实例分析和研究，发掘其维持澳门城市环境地域特色的艺术表现因素，总结提炼值得借鉴的营造手法，从而更深刻地认识澳门近代风景园林的内在价值和意义。

4. 比较研究法

本书将始终运用比较研究法，对比澳门的西式风格园林与中式风格园林，对比澳门的西式公园与同时代的葡萄牙园林，对比澳门的中式园林与中国传统岭南园林，以期能在比较中总结出启发性问题。

第四节　研究现状述评

目前，国内外对澳门近代风景园林的专业研究甚少，相关研究多为期刊论文，专业性的研究著作并不是很多。作者在赴澳门调研时发现，虽然没有针对澳门近代风景园林这一对象的研究著作，但澳门的政府组织和民间学术机构在澳门城市公园和绿地系统的研究上做了积极而广泛的努力。这些研究归纳起来可以分为以下三类。

第一类研究从文化和精神层面探讨澳门城市公园的特征和其产生的归属感。有借鉴意义的有吕志鹏、欧阳伟然编写的

《澳门公园与花园》① 《澳门步行径》② 和张卓夫的《澳门半岛石景》③ 等著作，这些研究成果主要介绍了澳门现有的景观园林，探讨了澳门园林的历史发展情况和布局情况。同样值得参考的有《濠园掠影》④《濠城绿意》⑤ 等书籍，它们主要介绍了澳门园林的概况，分析了澳门园林的历史和文化，并涉及旅游资源和有关服务的内容。另外还有弗朗西斯柯·卡代拉·卡勃兰和谢铃的《澳门园艺与景观艺术》⑥，该书探讨了当代澳门的公共空间，讲述了澳门园艺中中国传统园林设计与地理环境、葡萄牙景观设计理念的结合。此外，很多刊登在报纸、杂志上的文章零星论述了澳门几大名园的历史兴衰，其中具有代表性的是《澳门卢廉若公园的造园特色》⑦，该文讨论了卢廉若公园的布局、造园手法等，并在一定程度上分析了它的营造特色。

第二类研究从政府管理的角度指导澳门园林的发展方向。澳门特区民政总署农林厅下设的园林绿化部，是负责研究和管理花园、公园、保护区、其他绿化区的职务附属单位。园林绿化部下设公园处、自然保护研究处、自然护理处、绿化处四个执行部门，其中公园处和自然保护处与本书研究课题有较大关联。相较于公园处，自然保护处主要负责涉及树林、珍惜树木

① 吕志鹏、欧阳伟然：《澳门公园与花园》，三联书店（香港）有限公司、澳门基金会，2009。
② 欧阳伟然、吕志鹏：《澳门步行径》，三联书店（香港）有限公司，2009。
③ 张卓夫：《澳门半岛石景》，三联书店（香港）有限公司，2010。
④ Elsa Maria Martins Dias：《濠园掠影》，澳门市政厅，1999。
⑤ 梁敏如：《濠城绿意》，澳门特别行政区民政总署，2008。
⑥ 〔葡〕弗朗西斯柯·卡代拉·卡勃兰、〔英〕谢铃：《澳门园艺与景观艺术》，梁家泰摄影，澳门基金会，1999。
⑦ 陈婷：《澳门卢廉若公园的造园特色》，《现代园林》2009 年第 3 期。

等的植物学方面的工作。纵而观之，园林绿化部在近代风景园林保护和开发方面做了大量工作，制作并出版了相关资料，推动了自然科学方面的工作进程及研究成果的产生。同时也有其他政府部门对风景园林方面的研究，例如社会事务暨预算政务司办公室出版的《东方的绿洲/澳门》① 等。

第三类研究从生态环境保护和植物学的角度探讨澳门城市风景园林系统。有对澳门城市绿地进行分类概述和分析的，如浙江大学梁敏如 2006 年撰写的硕士学位论文《澳门城市绿地与园林植物研究》②，以及其同年发表的《澳门绿地类型概况》③；也有将重点放在植物学研究上的，如《澳门古树》④ 和《澳门环境保护》⑤ 等书，以及发表在相关学术杂志的如《澳门公园植物资源分析》⑥ 和《澳门松山植被研究》⑦ 等。这些资料通过实地调研的方法，从生态环境保护和植物资源等角度出发，为城市绿化提供了有益建议与技术支持。

总而言之，要从园林文化和风景园林学角度对澳门近代风景园林进行系统而深入的研究，需进一步对澳门近代风景园林进行梳理、分析和归纳。故在以上研究的基础上，本书将全面系统与深入细致地梳理澳门近代风景园林的发展脉络，归纳澳

---

① 〔葡〕阿尔维斯·法兰度·洛鲁：《东方的绿洲/澳门》，澳门社会事务暨预算财务司办公室，1999。
② 梁敏如：《澳门城市绿地与园林植物研究》，浙江大学硕士学位论文，2006。
③ 梁敏如、包志毅：《澳门绿地类型概况》，《中国园林》2006 年第 1 期。
④ 澳门特别行政区民政总署：《澳门古树》，澳门特别行政区民政总署，2006。
⑤ 黄就顺、李金平：《澳门环境保护》，澳门基金会，1997。
⑥ 林鸿辉、潘永华、代色平、梁玉钻、朱纯、熊咏梅、冯毅敏：《澳门公园植物资源分析》，《广东园林》2008 年第 4 期。
⑦ 梁敏如、何锐荣、谭国光、张素梅、潘永华、梁玉钻、陈玉芬：《澳门松山植被研究》，《澳门研究》2008 年第 48 期。

门近代风景园林的类型、发展特点及多元影响因素，总结澳门近代风景园林的造园理念、艺术表现、造园手法和文化内涵，挖掘澳门近代风景园林中西结合的多元文化特质；同时通过比较澳门园林与岭南园林、葡萄牙园林间的异同，探讨风景园林的保护价值，建立澳门近代风景园林价值评估框架，提出相应的保护策略，为进一步研究、保护和开发澳门城市风景园林这一历史文化遗产打下可靠基础。

第二章 澳门近代风景园林的历史溯源

澳门有四百多年的城市发展历史，因其特殊的地理位置和历史演进，它成为现阶段引人注目的研究对象，获得了越来越多的关注。澳门中西结合、多元共融的独特城市风貌，体现在城市中如建筑、艺术、宗教、风俗等方方面面。风景园林作为城市公共空间艺术与建筑艺术的结合，是城市居民活动的载体和容器，其产生、发展和演变的历程理应放在城市实体环境中，以及中西双轨共存并进、多元平衡发展的历史文化背景下，进行宏观考察。只有以此为基础，才能基本说明澳门近代风景园林的演进历程。

第一节 澳门近代风景园林的自然背景

地理环境

澳门位于我国大陆东南部沿海的珠江口西岸。澳门地区包括澳门半岛和氹仔、路环两岛。其经纬度为东经 113°32′47″、北纬 22°11′51″（以半岛东望洋山为准）。澳门东面与香港隔海相望，成掎角之势，共扼珠江口的咽喉；西面与广东省珠海市的湾仔一衣带水，其间的濠江水道有 1000 多米宽；南面过内、外十字门后便是浩瀚的南海；北边通过古老的沙堤与珠海市的拱北相连，陆界长度只有 240 米。[①] 从澳门的历史地图中我们看出澳门和珠海是相连的。

（一）澳门地形

澳门全区面积为 32.8 平方公里 [包含 2009 年 11 月 29 日国务院批准的澳门新城区的填海造地 360 公顷（3.6 平方公里）]，澳门的总面积因为近年来沿岸的填海造地工程而一直扩大。1840 年澳门半岛面积仅有 2.78 平方公里，通过从 1866 年开始不断填海，澳门形成了今日的规模。

澳门的地形情况是山多平地少。由东北向东南沿岸绵延着丘陵和台地，有莲花山、螺丝山、马交石山、东望洋山。半岛上还有大炮台山、西望洋山、妈阁山等，多处丘陵使得半岛东南海岸线变得迂回别致。除此之外，氹仔有观音岩和菩提山，路环有九澳山、炮台仔山和中区山，它们的海拔高度都超过百米。

澳门丘陵、台地多，分布广，构成了澳门地形的主体。澳门地盘狭小，丘陵、台地的广布使其地形变得狭窄而且起伏不平。而其面积有限的平地，是在丘陵间进行人工填土的成果。[②]

---

① 黄就顺、邓汉增、黄均荣、郑天祥：《澳门地理》，澳门基金会，1993，第 1 页。
② 黄就顺、邓汉增、黄均荣、郑天祥：《澳门地理》，澳门基金会，1993，第 15～17 页。

（二）填海造地

在各种外动力的作用下，澳门形成了复杂多样的堆积和侵蚀的沿岸地形。澳门地区的海岸线，不仅在史前时代由于复式陆连岛的形成而发生过巨大变化，还在近一百多年来因不断进行的填海造地工程发生了显著的改变。[①]

岛连岛、陆连岛的复式陆连岛现象，是澳门地形一个十分有趣的特征，20世纪40年代地理学家何大章、缪鸿基在《澳门地理》中写道："据著者研究结果，认为澳门昔日仅为中山县南端之一小岛，孤悬海中，未与大陆相连，与今日海外之小岛无异。其后，因西江堆积之发达，于澳门与大陆之间，冲积成一沙堤，遂将澳门岛与大陆相连而造成一半岛，在地形学上称为陆连岛……"[②]

水浅给填海造地创造了便利的条件。1863年第一次填海前，澳门半岛面积仅为2.7平方公里。1910年澳门地区总面积只有10.94平方公里，其中澳门半岛3.35平方公里，氹仔岛1.98平方公里，路环岛5.6平方公里。到1991年，澳门全地区总面积达到18平方公里，澳门半岛、氹仔和路环的面积分别为6.7平方公里、4.1平方公里和7.2平方公里。[③]

二　地质地貌

澳门位于珠江三角洲的南端，面向南海，除北端有连岛沙

---

① 黄就顺、邓汉增、黄均荣、郑天祥：《澳门地理》，澳门基金会，1993，第20～21页。

② 何大章、缪鸿基：《澳门地理》，广东省文理学院，1946，第30页。

③ 黄汉强、吴志良主编《澳门总览：史地篇》，澳门基金会，1996，第2页。

坝与陆地相连之外，其余部分均被海水包围，故在海洋地质作用的影响下，澳门形成了明显的海岸地貌。澳门半岛最高的丘陵为东望洋山，其海拔高度约为 91.07 米。东望洋山上筑有炮台，它一直是澳门海域的指路明灯。历史悠久的妈阁山和西望洋山位于半岛的南部。北部的望厦山是半岛的门户，为控制陆路出入口的咽喉。东北的马交石山山势险要，山上也有古炮台。①

澳门地区的冈陵属于广东虎门附近莲花山的支脉，与华南沿岸山脉一样呈"多"字形自东北向西南伸展。这些冈陵的基岩由粗粒花岗岩构成。经过风吹雨打，部分花岗岩岩块外面的泥土和里面岩心周围的颗粒逐渐流失，于是呈现出石卵、石壁等不同形状，这就是莲花石、塔石、海觉石等石景形成的原因。② 同时，在强烈的风化作用下，岩体受到破坏和剥蚀，形成巨大的石蛋，石蛋分布很广，构成各种各样的"石蛋"地形，在妈阁山、白鸽巢、青洲、路环等地均可看到，如著名的妈阁庙"海镜石"和白鸽巢公园的贾梅士石洞等。这种奇特的石景是澳门园林艺术特有的组成元素之一。

澳门面积小并且丘陵、台地广布，可供城市发展的用地相当缺乏，无法满足城市的快速发展对土地的需求，因此填海造地成为其获得城市发展用地的主要途径，目前澳门有 50% 以上的土地因填海造地出现。用作填海的土壤有机质含量少、肥力低、土壤质地差、含盐量高、部分呈碱

---

① 黄就顺、邓汉增、黄均荣、郑天祥：《澳门地理》，澳门基金会，1993，第 17 页。

② 张卓夫：《澳门半岛石景》，澳门基金会，2009，第 6 页。

性，而且绿化工程中有些土壤是未完全风化的花岗岩碎块，用于公园或绿地建设时会使土壤中含有大量杂质。[①]

三 气候气象

澳门位于东亚季风气候区，冬季盛行来自北方大陆的、干燥寒冷的东北季风，夏季盛行来自南方海洋的温暖潮湿的东南季风。不同季风的交替控制形成了澳门自然季节的变化。春季一般为3月、4月，是东北季风与东南季风交替的过渡时期，具有潮湿多雾的气候特点，有时会出现阴雨连绵或低温阴雨的天气。夏季为5月至9月，初期东南季风盛行，后期西南季风盛行、炎热多雨、台风活动频繁。秋季为9月末和10月，是从夏季风向冬季风过渡的季节，在这一期间，西南季风逐渐撤退，东北季风开始南下，天气晴朗清爽，温度十分适中。冬季为11月至次年2月，东北季风盛行，少雨稍冷，偶尔强大寒潮南侵时气温会骤降至10℃以下，有时还会伴有阴雨天气。1月、2月是澳门最冷天气出现的时期。[②]

澳门的年平均相对湿度为80%。每年3月至6月是最潮湿的时期，月平均相对湿度达到85%或以上，湿度最高的是4月（87%）。最干燥的时期则是10月至次年1月，月平均相对湿度不超过75%，其中12月和11月只有69%和70%。多雾是澳门春季的显著特征。冬末春初，东北季风仍有一定势力，温度仍未显著回升，而东南季风则已开始活动，其带来的暖湿空气在

---

① 梁敏如：《澳门城市绿地与园林植物研究》，浙江大学硕士学位论文，2006，第3页。
② 黄汉强、吴志良主编《澳门总览：史地篇》，澳门基金会，1996，第3页。

经过温度较低的地面和海面时使空气温度下降，产生的水汽凝结成雾。3月年平均雾日有7天，2月和4月都为4天。在雾日最多的年份，3月的雾日多达15天，2月和4月的雾日天数也分别达到13天和12天。[①]

澳门雨量相当充沛，并且常受热带气旋影响，有时甚至受到其正面侵袭。澳门雨季后期的雨量多由台风雨带来。1990年8月、9月、10月三个月总雨量为264毫米，只有多年平均雨量的40%，这与台风影响小有很大关系。[②]

四　植被

澳门自古环境优雅，风光旖旎，各山地岛屿都林木葱郁、四季常青。东望洋山横卧似琴，遍山都是松树；西望洋山环境清幽，绿树碧翠；柿山遍植柿树；青洲山满山树木，青翠葱郁。

澳门植被属于南亚热带常绿阔叶林。由于面积小、海拔低、与大陆距离近、无特殊的地理隔离条件，澳门植被的物种与邻近华南地区的植被联系密切，并且两者有很高相似度。尤其澳门和香港纬度极为接近，而且同属热带季风海洋性气候，故两地植物相似系数较高。因为澳门开埠早，所以人类的活动对其植被的影响很大，自然植被在四百多年来受到了严重的人为破坏，目前仅在西望洋山、青洲山、莲花山、东望洋山等处分布有少量的次生南亚热带常绿阔叶林。它们呈孤岛状分布，且大多为人工培育。[③]

---

① 黄汉强、吴志良主编《澳门总览：史地篇》，澳门基金会，1996，第3页。
② 黄汉强、吴志良主编《澳门总览：史地篇》，澳门基金会，1996，第3~4页。
③ 梁敏如：《澳门城市绿地与园林植物研究》，浙江大学硕士学位论文，2006，第4页。

澳门乔木群落的组成种类十分丰富，主要有朴树、潺槁树、假柿木姜子、笔管榕、逼迫子、白楸、对叶榕、乌桕、枫香、荷木、山黄麻、山乌桕、假苹婆，偶有樟树、鸭脚木、亮叶猴耳环、白桂木、青果榕、高山榕、小叶榕等。灌木主要有山指甲、雀梅藤、羊角拗、盐肤木、黑面神、了哥王、刺棒、九节、粗叶椿、野漆树、白桐树等。藤本植物较少，主要有鸡屎藤、木防己、匙羹藤、海金沙。草本植物主要以蕨类为主，如团叶鳞始蕨、扇叶铁线蕨、华南毛蕨、薄叶粹米蕨、三叉蕨等。① 如今澳门单竹树就有 20 多种，包括甜竹、石竹、青皮竹、观音竹、方竹、佛胜竹、泥竹、紫竹、粉丹竹、黄金间碧竹等。②

1991 年出版的《澳门植物名录》共记载了 173 科 668 属的 1153 种植物。澳门虽地处亚热带，但靠近热带北缘使其也有热带植物种类分布。澳门的植被大部分是人工林，主要有马尼松林、木麻黄林，并夹杂一些次生阔叶树，如台湾相思的半自然群落。澳门的药用植物品种较多，已被发现、鉴别的就约有 200 科的近 600 种。③

澳门日照时间长且气候炎热，因此城市公园中的花坛与大乔木的处理手法与传统的西方园林大相径庭。植物是园林设计的主要元素，不同的地质、土壤、气候条件导致植物的类型不尽相同。澳门属丘陵地貌，这导致无论中式园林还是西式的公

---

① 邢福武、秦新生、严岳鸿：《澳门的植物区系》，《植物研究》2003 年第 4 期。

② 朱纯、潘永华、冯毅敏、梁玉钻：《澳门公园植物多样性调查研究》，《中国园林》2009 年第 3 期。

③ 黄汉强、吴志良主编《澳门总览：史地篇》，澳门基金会，1996，第 6 页。

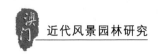

园的设计者都在充分考虑地形的影响后把园林处理成因地制宜的自然式或台地式景观。

第二节　澳门近代风景园林的历史背景

澳门自古以来就是中国的领土，它原属香山县，早在四千多年前的新石器时代就有中华民族的先民在此地区活动。相关考古学会于 20 世纪 70 年代先后组织了三次路环考古发掘，每次都有令人比较满意的收获。在黑沙等地发掘出土的文物中，有新石器时代的粗糙的陶皿残片、未经琢磨的石英手环的断节部分和玉髓削刮器，有商殷至秦汉年代的陶器残片，有汉朝的五铢钱，也有宋元间的青釉陶瓷碎片等。这些出土文物经过鉴定后陈列在澳门贾梅士博物院，它们向人们证明了澳门地区历来就是中国的领土，四千多年来中国人一直在这里生活和劳动。[①]

16 世纪初，葡萄牙人在占领了马来半岛的马六甲后继续东进，来到中国东南沿海，他们一面要求通商贸易，一面不时从事侵犯中国主权的活动和触犯当时的中国法律，并因此被明朝政府驱赶。16 世纪 50 年代，沿海海禁逐渐松弛，葡人再次开始在广东沿海活动，设法使当时被称为"濠镜"的澳门成为舶口，这是历史中葡萄牙人进入澳门定居的开始。从 16 世纪 50 年代至 17 世纪 40 年代，由于对外贸易迅速发展，澳门成为明代最大对外贸易港口广州的外港，也成为西欧国家在东方进行

---

① 黄就顺、邓汉增、黄均荣、郑天祥：《澳门地理》，澳门基金会，1993。

国际贸易的中继港，开始在世界贸易史中占有重要地位。[①]

　　贸易的发达和华洋客商的云集使澳门逐渐从一个简陋的舶口发展成为繁荣的港城和东西文化交汇的中心。后来由于葡萄牙海上势力的衰落，鸦片战争后清政府开放广州、厦门、福州、宁波、上海等五个通商口岸，以及香港崛起等一系列因素的影响，澳门这个曾经盛极一时的港口城市日渐式微。同时，澳门在19世纪相当长的时期里，是贩卖人口和走私鸦片的重要中转地，赌业、妓业、鸦片烟业等特殊行业在此地也得到了很大发展。与此同时，殖民扩张使澳门城市从半岛扩展到离岛。

　　澳门的近代扩张期是澳门市城市建设发生巨大变化的一个时期——从某种程度上说，这一期间发生的变化也许是澳门自诞生以来发生的变化中意义最为深刻、影响最为巨大的。其具体表现即澳门市城市结构由16世纪的西欧中世纪式城建格局向近代大都市城市结构逐渐演变。

　　《中葡和好通商条约》签订后，葡萄牙人开始寻求澳门的发展道路。定居澳门的葡人开始意识到，英占的香港经过了40多年的发展已基本上取代了澳门昔日的地位，因此针对澳门城市条件及港口的改善已是刻不容缓。于是与港口及城市规划有关的设计分析报告一个接一个地产生，它们奠定了20世纪上半叶澳门城市的规模和模式。[②]

　　1905年澳葡当局公布了澳门城的"城市卫生总体计划"，

---

① 黄就顺、邓汉增、黄均荣、郑天祥：《澳门地理》，澳门基金会，1993，第6~7页。
② 邢荣发：《十九世纪澳门的城市建筑发展》，暨南大学硕士学位论文，2001，第15页。

开始执行卫生"自治规约"和卫生工程条例。不准在街道上堆置垃圾杂物,也不准把污秽杂物和粪便倒弃在渠道,甚至不容许在街道上晾晒衣物,坟场、麻风病院、爆竹厂、军火库等都被要求设在氹仔等岛上。澳葡当局非常重视城市布局,澳门经过多年发展在 1940 年左右形成了功能明显的分区:以商业区为中心,住宅区和行政区在外围,最外围则是工业区。至此,澳门现在的城市格局基本形成。①

1974 年,葡萄牙四二五革命②胜利后,新政府宣布了非殖民化政策,公开承认澳门不是殖民地,是由葡萄牙管理的特殊地区,中国享有澳门的领土主权。1988 年 1 月 15 日,中、葡两国政府在北京互换《联合声明》的批准书,澳门进入向中华人民共和国澳门特别行政区过渡的历史时期。1999 年 12 月 20 日中国政府对澳门地区恢复行使主权,设立澳人高度自治的中华人民共和国澳门特别行政区,其现行的社会、经济制度和生活方式将保持五十年不变。③

第三节　澳门近代风景园林的文化背景

目前笔者收集的研究文献中的绝大多数都论及了澳门文化

---

① 杨仁飞:《澳门近代都市格局》,《文化杂志》1997 年第 32 期。

② 1974 年 4 月 25 日,葡萄牙国内一群由年轻军官组成的革命组织——"共和国救国委员会",在安东尼奥·斯皮诺拉领导下在短短一个小时内发动了一场几乎没有流血的政变,迅速推翻了由葡萄牙大独裁者萨拉沙建立、被卡埃诺拉继承的五十年独裁政权。由于革命进行得十分顺利,只流了很少的鲜血,故拥护这次革命的葡萄牙人自豪地称之为"石竹花革命",寓意为不流血的革命,又称"二月花革命"。革命后政府宣布了非殖民化政策,主动放弃了在海外(先是安哥拉、莫桑比克,然后是澳门)的殖民政策。

③ 刘先觉、陈泽成:《澳门建筑文化遗产》,东南大学出版社,2005,第 10 页。

的特色，即东西方文化的交融，澳门居民称之为"澳门精神"。澳门的文化精神具有开放性、包容性等特点。[①] 1997 年第三届粤台港澳文化交流研讨会中，澳门学者对澳门的文化状况、文化特色及其前景进行了分析，一致认为澳门文化的特色表现为中葡文化、东西文化的交流与交汇——两种文化虽然有过交融和碰撞，但它们一直并驾齐驱，没有发生太多冲突。中西合璧的澳门文化不仅体现在城市建筑上，在语言、文学、民俗、饮食等方面也有所表现。

澳门是中西文化的交汇点和共生点。在漫长的历史发展过程中，中西文化在此和谐共生，在保持各自特色的前提下逐步产生了融合共生的多元文化。正如学者魏美昌所说："澳门文化中的中华和拉丁特质并行发展，即使出现碰撞，亦能体现出和谐多于冲突、平衡多于对抗、包容多于分离的特性。这种相互影响更以螺旋向上的循环方式带引着澳门整体文化的发展。"[②] 这些文化背景是澳门园林建设与发展的基石，我们主要从海洋文化、岭南文化、宗教文化这几个方面来探讨分析不同文化对园林的物质载体产生的影响。

一　海洋文化

澳门得天独厚的地理位置使其从一个小渔村迅速发展成为繁荣的城市和东西方文化交融的中心。澳门位于珠江口西侧，距日本约 2800 公里，距新加坡约 2600 公里，距马尼拉约

---

① 李燕：《澳门与珠三角文化透析》，中央编译出版社，2003，第 36 页。
② 魏美昌：《论一九九九年前后澳门文化特征之保留及发展》，《澳门研究》1999 年第 1 期。

1200 公里，是东南亚与东亚的海陆要冲。澳门半岛有多处适合大型帆船停泊的海湾，并且与中国大陆南方最大的城市——广州相距仅百余里，两地间的水路、陆路交通都十分便利。开埠之前的澳门半岛就表现出了海洋文化的特色，早期澳门的文化发展仅表现为一种渔港文化。本地居民以及来自福建的移民崇拜妈祖，将其作为航海、渔业、贸易、海上作业的保护神，并为其修建了庙宇。明清时期，妈祖庙的香火曾盛极一时。

15 世纪末到 16 世纪初，葡萄牙人驾船绕过好望角，穿越马六甲海峡，开辟了连接东亚的航线，中国以澳门、广州为门户恢复了与西方的联系。16 世纪末，澳门成为基督教徒在远东的据点。远东与欧洲的贸易被葡萄牙王室垄断，一支葡萄牙皇家船队，通常满载着羊毛织品、大红布料、水晶和玻璃制品、英国造的时钟、葡萄牙出产的酒，从里斯本出发到澳门贩卖货物并买进丝绸，再将丝绸连同剩余的货物一起运到日本出售以换取金锭银锭。这是一项获利可达投资成本的两倍或三倍之多的投机买卖。船队在澳门逗留数月后，从澳门带着黄金、丝绸、麝香、珍珠、象牙和木雕艺术品等回国。澳门就在这样的贸易中作为商业中心迅速繁荣起来。① 17 世纪，澳门港的国际商埠地位得到了确立，澳门成为明代最大的对外贸易港口广州的外港，也成为西欧国家在东方进行贸易的中继港。不同民族的海洋文化特质共存于一个城市，这种多重性体现在城市景观中的方方面面，反映出澳门文化本身的包容性。

---

① 〔葡〕徐萨斯：《历史上的澳门》，澳门基金会，2000，第 33~40 页。

二　岭南文化

在地域概念上，"岭南"指南岭（又称五岭）山脉以南包括今天的广东、广西、海南、香港、澳门等地在内的广大地区。这一区域处在热带、亚热带之间，属于亚热带季风气候，具有高温多雨、夏长冬短、森林资源丰富、动植物种类繁多的特点。此外，此区域地貌复杂多样，山地丘陵、平原台地错综交织，其中山地是其主要地形。由于拥有以珠江为主体的庞大水系，此区域内的水资源十分丰富。

基于其独特的地理环境和历史条件，岭南文化在发展过程中不断吸取和融汇中原文化和海外文化，逐渐形成了自身独有的特点。它地域性很强，具有外来文化、中原文化等交织糅合的鲜明文化特色。澳门在地理位置上背靠大陆、直面海洋，其文化的发展毫无疑问地与海洋文化有着密切的关系。因此，澳门在继承中华传统文化的同时，还兼有一种开放的岭南文化的底蕴。这种兼而有之的文化特征决定了中华文化和西洋文化在澳门的碰撞和融合，澳门的园林艺术也呈现出了兼容并包的文化风格。

地缘因素使岭南文化对澳门的方方面面产生了影响，澳门的语言、民俗、饮食、工艺、建筑等都带有岭南特色。如澳门华人使用粤语，爱好饮茶，重视商业、宗法家族、传统礼仪等。岭南文化对澳门风景园林的影响主要表现在园林布局、建筑形式、装饰艺术以及造园手法方面，最具代表性的例子是卢廉若公园，该园林的布局、建筑装饰及造园手法无不体现了岭南园林的开放性与兼容性。

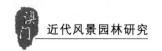

三 宗教文化

多样性与互容性是澳门宗教文化的重要特色。现在澳门的宗教有佛教、道教、天主教、基督教新教、伊斯兰教、巴哈伊教、琐罗亚斯德教、摩门教和基士拿教等。虽然各类教派名目繁多，但大多数有宗教信仰的人为佛教、天主教、基督教新教的信徒。天主教在澳门的发展最早可以追溯到 1555 年耶稣会士巴莱多神父（Mechior Nunez Barreto）抵达澳门。基督教在澳门的传教和马礼逊（Robert Morison）有着密切的关系，他于 1807 年 9 月 4 日抵达澳门，开始了他的在华传教生涯。澳门的佛教发展可追溯至在唐咸通初年（860～872 年）就已经来到香山县地区的真教禅师等。澳门有关道教信仰的史实可追溯至明宪宗成化年间（1465～1487 年）。①

澳门宗教文化的特点在于其包容性，即每一个人都有选择信仰的自由。澳门宗教文化的丰富性和多样性是澳门旅游文化的重要基础，也是澳门回归后用来大力发展旅游文化、推动东西方文化交流的重要资源。② 这些大大小小的教堂、佛寺、道观在澳门城市中起着非常重要的宗教礼仪作用。它们还起着沟通人们的感情、促进人际关系和谐、增强民族凝聚力和维护社会稳定的作用。教堂前地和教堂园林是澳门城市中的重要节点，贯穿了整个澳门城市，使澳门城市拥有了特殊的连续性空间。在澳门半岛西部的中国传统村落聚居区中，庙宇是每个村

---

① 黄汉强、吴志良主编《澳门总览：史地篇》，澳门基金会，1996，第 338～345 页。
② 凡夫：《澳门宗教文化》，《世界宗教文化》1999 年第 4 期。

落的物质重心，同时对居民的精神起到了凝聚作用。这些中式庙宇最重要的意义在于它们反映了华人聚落形成的历史，可使人们由此寻获华人聚落发展的历史印记。因此这些庙宇的园林也是澳门宗教文化的重要载体。

总的来说，无论是中国还是西方的宗教，都深刻地影响着人们的物质生活与精神文明的各方面（上至思想、审美等意识形态，下至园林的营建与构成等具体形式），并指导着澳门园林艺术的发展。澳门的诸多中式庙宇园林甚至可以被视作宗教文化的外化形式。

第四节　澳门近代风景园林的演进历程

澳门风景园林有着悠久的历史，是东西方文化艺术长期发展的结晶，是澳门重要的物质财富、精神财富和历史文化遗产。澳门风景园林在葡萄牙殖民主义和中国传统文化的影响下，历经了最初的萌芽期，在 19 世纪末 20 世纪初发展至巅峰。各种风格和样式在这里拼贴杂糅，最终形成现在丰富多变、多元统一的独特园林体系。在 16 世纪中叶澳门开埠至1949 年新中国成立这段历史时期，澳门近代风景园林的发展演进可以归纳为两个阶段。

一　萌芽期

从 16 世纪中叶澳门开埠到 19 世纪 40 年代鸦片战争爆发之前的阶段是澳门近代风景园林发展的萌芽期。在这段历史时期中，澳门从一个荒芜的渔港发展为一座初具规模的带有欧洲中世纪城堡形态的港口贸易城市，把澳门半岛用地划分为五个教区的概念已经出现，街区系统已经成型，城市总体艺术布局也已初步完善。与其他基础设施的建设一样，澳门城市风景园林的起源与发展深受葡萄牙文化的影响，因此要研究澳门风景园林在萌芽期的状态，首先需要考察同一时期葡萄牙园艺景观的发展特征与风格变化。

16世纪中叶至19世纪40年代，葡萄牙本国的园林由于在其发展初期受到意大利文艺复兴运动的影响，以规模不大的庭院的形式出现，主要表现为建筑中庭，采用了封闭、内向的园林模式。后期法国勒诺特式风格开始传入，古典主义复兴对葡萄牙园林的影响仅仅反映在皇家园林的模式上，皇家园林开始朝尺度宏大、规则严谨、层次丰富、空间多变的外向型园林发展。而社会主流园林模式依然是贵族庭院，它始终保持了内向、小巧、精美的传统规则式布局。葡萄牙本土园林的发展变化及艺术影响力远远落后于其他欧洲国家，它更多地呈现出一种自我欣赏、自我表达的意识形态。再观澳门，我们可以发现，除修建坟场、炮台、寺院等具有特殊功能或性质的城市景观，这一历史阶段的主观造园活动很少，被保存下来的文献资料也比较有限。一方面，葡萄牙人在东方的建城模式借鉴了欧洲中世纪的建设经验，而中世纪的园林在封建宗教的禁欲主义思想统治下发展极为缓慢，其美学价值也几乎没有提升，这种中世纪的建城模式影响了澳门的造园活动。另一方面，当时澳门本身土壤相对贫瘠，对植物的人为破坏也频繁发生，再加上当时政治制度、经济水平、文化艺术风格和美学思想的制约，澳门园林的发展空间受到了限制。

我们把这一阶段的造园视为后期造园活动繁荣发展的准备阶段。除了修建具有军事功能的炮台景观外，其他西式园林的造园活动也开始萌芽。但总体来说，在19世纪以前，澳门的绿化状况并不乐观。

二　兴建期

在19世纪欧洲艺术运动的影响下，贵族庭院日渐没落，园林开始朝公共化方向发展。与此同时，城市公园运动兴起，服务于公众的园林景观在西方社会大量出现，公园已不再是贵族赏玩的奢侈品，而是普通民众愉悦身心的空间。在这个大环境中，澳门城市公园在澳葡政府的规划掌控下，经由葡籍园艺师之手，开始在澳门半岛落地生根、繁荣发展。

政局的稳定、经济的快速发展、人口数量的上升，使澳门步入了历史上的城市建设大发展时期——近代兴建期。可以说近代兴建期是澳门市自诞生以来城市建设规模最为庞大、布局最为密集、发展最为全面的一个时期。在这一阶段，澳门市首次将澳门、青洲、氹仔、路环四岛视为一个整体进行通盘考虑，制订了有史以来的第一个澳门四岛统一规划。在此之后，澳门市城市建设开始在统一性和整体性两大原则的指导下全面展开。之后，随着兴建期的城建工作依次展开，内港调整、外港新建、青洲填海、氹仔设港等具体问题一一出现，澳门市又结合各个时期的重点建设内容重新制订了不同的城市总体规划方案。这些城市总体规划方案针对各个时期的各种问题，提出了或大胆或谨慎、或宏观或微观的不同建议。这些建议有的被采纳，有的则没有。正是在这些阶段性城市总体规划的指引下，澳门逐

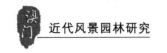

步实现了近代都市化。

澳葡政府意识到城市绿化对城市环境的重要作用。1864年，澳门改善研究委员会对澳门进行城市规划，提出要实施系统的绿化政策，要建造花园和恢复原有的花园。委员会充分地意识到了绿化的必要性，建议首先进行市内、花园和道路的绿化，其次让附近的荒山秃岭重新披上绿装。委员会提出了从在城区的花园内和道路旁植树到去附近山丘上造林的多种绿化方案。如在市内绿化方面，应选择生长快且叶茂根深的树种；在园林建造方面，应选择从外地引进不同品种的树冠较大的树木；在附近山丘造林方面，应选择可以抵抗台风的树种，如能在贫瘠土壤里存活的松柏类及其他树脂类树木，以及可在山坡上种植的无花果树。其后，澳葡政府开始规划公园系统，被纳入规划的公园包括加思栏花园、烧灰炉公园、白鸽巢公园、二龙喉公园、市政厅前地花园等。松山山冈也开始被大面积绿化，并逐渐发展成如今设施完善的市政公园。于是，一系列的著名公园庭院如雨后春笋般出现，如1870年建成的加思栏花园、1880年建成的白鸽巢公园、19世纪末建成的"新花园"（华士古达嘉马花园和得胜花园的前身）、20世纪初建成的具有苏州园林风格的中式园林卢廉若公园，等等。1933年，澳门成立了农业厅，专门负责保护和改善殖民地现有的树木和公园。这些规定使得澳门城市景观环境大为改观，澳门近代风景园林的修建活动蓬勃发展。

第三章　澳门近代风景园林的发展动因

　　一个城市的景物或景观类型不是孤立存在的，而是与其周围区域的发展、演变有关联。从澳门本身来讲，其景观的地域性在自然环境和城市人文特征两个方面受所处地域的地质地貌、气候气象、植被种类、城市文化、历史背景、当地居民的行为方式等影响。一方面，澳门的城市景观反映了澳门自然环境的特殊性；另一方面，它又强调了城市文脉，即澳门城市文化意识形态的特殊性。在人们对澳门城市发展历程进行回顾时，澳门城市文化遗产的重要性日益成为关注焦点。19 世纪末 20 世纪初是澳门城市绿化大为改观的时期，这段时期澳门风景园林数量多、品质高，呈现出异彩纷呈的局面，营造了令人赏心悦目、畅情抒怀的城市环境。澳门近代风景园林发展的动力主要源于 19 世纪下半叶的城市改良运动和西方造园思想的影响，同时多元城市文化的包容性为澳门近代风景园林的大面积修建提供了肥沃的"土壤"。

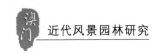

第一节　城市规划的政策导向

　　1840 年鸦片战争爆发以后，中国开始沦为半殖民地半封建社会。葡萄牙人通过强制性的军事占领扩大其在华的殖民势力，逐步占领了澳门全部属地，也就是今天的澳门半岛、氹仔和路环。同时澳门作为中国南海商贸的中心港口的地位被迅速崛起的香港取而代之。可以看出，澳门从 19 世纪下半叶开始，经过一系列城市规划政策的实施，结束了自发城市的局面。澳葡政府在原有的城市基础上，开发了新道路，完善了旧城区交通，颁布了建筑管理规章和新区规划，铺设了下水道，设置了街灯，整治了海岸线，并重新规划了瘟疫区，这使城市的发展出现了三百年来前所未有的生机，由商业区、住宅区、工业区和行政机关区域组成的近代都市格局已经基本形成。这段时期也是澳门市自诞生以来城市建设速度最快的时期，是澳门建筑东西方风格融合发展的高峰，在这期间澳门建造了大量具有葡萄牙风格的明丽色彩的各式殖民式建筑，使整个城市变得色彩丰富、个性鲜明。所以这段时期的城市规划在澳门城市发展史上扮演了相当重要的角色。

一　城市形态的变化

　　澳门四百多年来的城市发展是西方和东方两种城市肌理重叠交错的结果。澳门具有"双城"性格，反映出中西文化相互作用又各自独立的文化态势，融合、共存和发展是澳门城市的特点。澳门在中国传统文化和西方文化的影响下，其城市形态必然被中国城市原型、西方城市原型以及 20 世纪城市原型三种原型共同影响，西方的城市组织和中式的城市形态拼贴构成了澳门的城市基础。虽然东西文化在澳门相互影响达四百多年，但由于华人和葡人在生活和商业上的隔离，除了宗教以外两种文化没有其他融合介质，这使东西文化始终保持相互独立并共同左右了城市的深层结构。

二 改良运动的兴起

我们可以看出澳门近现代城市规划一直沿着系统、完善的道路发展，并有相应的部门针对不同时期的城市建设进行规划指导（见表 3－1），这些规划工作（见表 3－2）对推动澳门的城市化进程起到了至关重要的作用，为维持澳门本地区的独有特色奠定了一定的基础。同时填海造地对澳门的城市景观也起到非常重要的改变作用。值得庆幸的是，澳门的发展并未因此失控，其城市规划蓝图旨在开拓城市公共绿色空间。①

从澳门城市建设部门的历史中我们可以看出，1883 年成立的澳门城市改善研究委员会对于城市环境的改善起到了关键性作用。当时的城市规划主张在世界范围内都是具有创造性的，主要包括：

　　　改造水稻种植程序，绿化沿岸，建立和尽量使用与农业相关的生物方法处理污水排放网络，采取适当制度收集

---

① 〔葡〕弗郎西斯柯·卡代拉·卡勃兰、〔英〕谢铃：《澳门园艺与景观艺术》，梁家泰摄影，澳门基金会，2000，第 46 页。

城市垃圾，疏浚河道，实施填海工程，整治海岸，把淤塞减少到最低限度；在当时被描述为荒芜的本地区实施系统绿化政策，建造花园和恢复原有的花园……①

例如螺丝山公园就是当时的澳门总督罗沙（Tomás de Sousa Rosa）推行绿化澳门、开辟公园区计划的内容之一。这个公园位于鲍斯高学校对面一个植被茂密的山丘上，山丘位于望厦山和马交石山之间。公园于 19 世纪末修建，其占地面积约为 9500 平方米。

表 3-1　澳门的城市建设部门

时间	名称	职务范围	备注
1587 年	澳门议事局	组织城市建设,审理民事案件	由中葡双方共同执行
1867 年	澳门工务局	负责城市建设相关内容,包括市政工程、公共建筑、街道、桥梁、码头、马路等的建造以及一切工程的研究	
1883 年	澳门城市改善研究委员会	负责研究改善城市物质条件	兼卫生委员会的工作
1918 年	澳门港口改良委员会	开展内港计划,进行海港建设	
1975 年	城市规划办公室	统筹城市化建设	
1980 年	大型建设计划协调司	制订澳门新市镇的都市规划	1989 年解散
1990 年	土地工务运输司城市规划厅	接替大型建设计划协调司的工作,进行城市规划管理与城市规划整治	

资料来源：童乔慧：《澳门城市规划发展历程研究》，《武汉大学学报》2005 年第 6 期。

---

① 〔葡〕阿丰索：《澳门的绿色革命（19 世纪 80 年代）》，《文化杂志》1998 年第 36、37 期，第 119 页。

表 3-2　澳门近代城市规划的主要内容

时间	规划活动、文件	部门、机构	主要内容	备注
1869 年 4 月 30		市政工程署	将南湾地区与填海而成的南环统一规划,修建一条赏心悦目的环海街	
1877 年	澳门省及帝汶公报 7 月 2 日第 64 号训令		对内港部分地区的填海工程进行了规定	
1882 年 7 月 10 日	和隆街及高冠街一带更新规划			
1883 年 7 月 28 日	《澳门城市改善规划报告》	澳门城市改善研究委员会	为澳门城市规划提出了 12 个目标	
1884 年	《澳门港口先期规划》	工务局	针对澳门及港口做了一份详细的技术分析报告	
1901 年	《依据 1900 年 8 月 4 日第 101 号皇室制诰及 1900 年 9 月 22 日第 113 号省训令而制定的市政工程服务实施临时规章》		改善规划,对新的建筑物、重建物及道路、广场及花园都具有约束力	是《都市建设章程》的雏形
1909 年	《城市总体改善计划》	工务局	对新桥、龙田、沙梨头、塔石、美基、和隆及望德堂区的总体改善计划	
1920 年 11 月 27 日	第 380 号训令	澳门港工程局	涉及在内港进行的工程,以及在澳门建设避风港的规划	
1922 年	港口规划	港口改良委员会	在外港区进行大面积填海,并将澳门半岛和氹仔完全连接起来	1924 年在此基础上重新规划

续表

时间	规划活动、文件	部门、机构	主要内容	备注
1927 年	港口规划	港口改良委员会	在加思栏炮台至马交石的东望洋山以东的区域进行大面积填海造地,旨在建设澳门市东线外港	
1934 年	葡萄牙第 24802 号国令		政府必须推动市政府所在城市的城市总规划的制作	掀起城市化运动

资料来源:童乔慧:《澳门城市规划发展历程研究》,《武汉大学学报》2005年第 6 期。

在 19 世纪之前,澳门并非如现在一样被翠绿的森林所覆盖;相反,当时澳门的城市绿化相当贫乏,市区内存在大片荒山。曾有文章如此描写澳门:

> 往陆地上望去,你看不到一棵树木,路上不见任何东西,一切都光秃秃的没遮拦。仅有两座于岸边城堡戒备森严,保护该市不受敌人进攻。①

一篇关于澳门绿化的报告中也曾记录道:

> 到达澳门海域和进入该港口之后感到满目凄凉,光

---

① 〔葡〕阿丰索:《澳门的绿色革命(19 世纪 80 年代)》,《文化杂志》1998 年第 36、37 期,第 121 页。

秃秃的小山上偶尔有几间白色的房舍和一片片红色沙砾……①

为了改善澳门城市环境，创造更好的投资环境，澳葡政府推出了一系列改变澳门城市环境的措施，葡人称之为"改良风景"。顾名思义，这是一项增加绿化、改善和美化城市环境的宏大计划。这项工程开始于 19 世纪初修建的植物园——贾梅士公园，成为之后大量公园和绿化地建设项目的开端。

三　旧城区的改造

在城市更新改造过程中，澳门城市被有意无意地划分成多个街区，最老的街区形状不规则，但现代街区大致呈长方形，在街区和街区之间设有居民休闲场所。城中的这些自然景色提升了当地的生活质量，对城区进行了分隔，起到了缓和城市污染的作用。这些做法得到了居民以及城市建设的规划者、推动者和决策者的认可并广为其所欢迎。

我们可以通过一些资料的记载，了解澳门一些旧城区在 19 世纪中叶的环境状况：

有些中国人的房屋简陋，所用的材料和技术远不尽如人意……另一方面，白蚁群生，几乎破坏澳门房屋的所有木质结构，澳门土生人和欧洲人的房屋虽然在质量上比中

---

① 〔葡〕阿丰索：《澳门的绿色革命（19 世纪 80 年代）》，《文化杂志》1998 年第 36、37 期，第 121 页。

国人好一些，但也是大部分建造得不坚固。^①

此外，19 世纪不断发生的一些天灾人祸，也对建筑产生了
极大的破坏：

> 澳门土生葡人和欧洲人居住的房屋大部分建造的不坚
> 固，使台风显得更加猛烈。这些房屋只有两层，卧室位于
> 第一层，大部分采光和通风状况不好，尤其是在底层。在
> 建造这些房屋时忽视科学原则和卫生观念，内部条件极差：
> 客厅很大，卧室非常狭小，大都如此。^②

对旧城区老建筑的改造已经迫在眉睫，原有建筑已经不能
满足社会发展的需要，城市环境亟须整治。为此，澳葡政府开
始了大规模的旧城区改造，这使城市环境在近代晚期发生了明
显的变化。

从 1910 年的工务司报告中可以看出澳葡政府对城市环境改
善的导向性：

> 在这七个地方中，第二、三、四个是肮脏的不适合人居住
> 的中国人狭小的老城郊区的古老村庄，它们先后被征用并放火
> 烧毁，其中最后一个，沙梨头，是于 1907 年我在任时征用并

---

① 〔葡〕阿丰索：《澳门的绿色革命（19 世纪 80 年代）》，《文化杂志》1998 年第 36、
　37 期，第 119 页。

② 〔葡〕阿丰索：《澳门的绿色革命（19 世纪 80 年代）》，《文化杂志》1998 年第 36、
　37 期，第 119 页。

烧毁的。沙梨头和塔石已经填平；龙田村填平的更早，地面平均升高 2 米，用于建造房屋。该街区的围墙和小屋的废墟完全用土掩埋。现在，疯堂和和隆这两个澳门现代街区是在和隆菜园的废墟和土地上经填平后建造起来的，它们象征着本市向水坑尾门以外扩展和全面卫生化坚定地迈出了第一步。

正如计划中指出的，对于这两个街区，无需作任何改造，只应当扩展它们，使之与设计中的其它新街区连接起来。我不应当不利用这个机会对我杰出的前任阿布雷乌·努内斯工程师表示钦佩，他以坚韧不拔的精神和精湛的专业知识为这两个美丽的街区打下了基础，它们在当时就被香港称为预防瘟疫的良方。

确实，那些古老的街区曾是这种周而复始的传染病的臭名昭著的温床；今天人们可以说，一年见不到一个这样的病例。龙田村、沙岗和沙梨头的情况也一样，曾是主要的瘟疫传播中心，我有幸提出对其进行整治的建议并开始整治工作。[①]

因此可以看出澳葡政府在城市规划政策中力图将澳门建设成一个美丽而卫生的城市。1887 年，同罗沙一同来澳门的阿尔诺索（Arnoso）伯爵在《世界旅行记》的第 116 页写道：

被岛屿环抱的澳门半岛虽然小如弹丸，但六座柔美突起的山丘—— 东望洋山、妈阁山、西望洋山、大炮台、望厦和

---

① 〔葡〕阿丰索：《澳门的绿色革命（19 世纪 80 年代）》，《文化杂志》1998 年第 36、37 期，第 121 页。

白鸽巢——却风景如画，令人神迷。再过几年，当六万株在托马斯·罗沙指挥下种的树用它们绿色的枝叶遮盖住昔日的荒坡时，澳门将成为一个真正的天堂，将变成远东一个游客纷纷而至的夏季避暑胜地。现在香港的居民已经开始在澳门自然的气候中，寻找躲避炎热夏季的庇护所。[①]

到 19 世纪末，原先的城市环境状况被彻底改变，澳门成为远东地区最为繁华、最为美丽的花园城市。

第二节　西方造园思想的引入

一　近代城市公园的兴起

城市空间是构成城市整体的重要组成部分，美国城市规划学家奥斯卡·纽曼（Oscar Newman）将城市分为私密性空间、半私密性空间、半公共性空间、公共性空间。[②] 作为公共性空间的城市公园对居民的行为和心理有重要影响，城市公园的建立拓展了人的交往活动空间，促进了社会文化思想的交融和发展，改善了城市环境，是城市社会近代化的重要标志之一。

中西合璧的建筑与庭院园林，是由近代一批接受西方教育、具有海外留学背景的中国青年建筑师，以及部分外籍建筑师完成的作品。建筑、园林以及城市规划的空间形态在任何时代都

---

① 〔葡〕阿丰索：《澳门的绿色革命（19 世纪 80 年代）》，《文化杂志》1998 年第 36、37 期，第 131 页。

② Oscar Newman, *Defensible Space*: *Crime Prevention Through Urban Design*（New York: Phaidon Press, 1965），pp. 51 –57.

受当时社会思潮的影响，中西合璧的园林就是中外思想融合的产物。通过调查，我们发现在澳门的近代风景园林发展历史中，城市公园的建设是十分重要的内容。这些城市公园营造了令人赏心悦目、畅情抒怀的城市环境，一直到今天都是澳门市民乐意前往的公共场所。并且在历史上有多首中文诗词书写对这些城市公园优美自然环境的赞美，如对螺丝山公园中曲折盘旋的美丽景色的描写："欹岸一卷石，巧作螺旋形。坡陀生杂树，接叶参天青。天风卷海啸，万象如窈冥。夕阳半山赭，纷迈来香斳。消夏此胜区，晚凉闻素馨。"[1] "逢着人天安息日，亚当亲挟夏娃来"描述了每逢佳节良宵，男女在加思栏花园中双双起舞的场景。[2] 有《竹枝词》云："下九初三旧有期，登台奏乐集华夷，荷兰卜画南湾夜，按谱嗷嘈听鼓师。"这描述了华士古达嘉马花园和得胜花园中西洋乐队表演的场景。[3] 因此可见这些城市公园在澳门市民心目中大多是可以令人兴发感怀的场所。

二　园林苗木的引进与培育

在园林空间中，植物造景最重要的就是应用乔木、灌木、藤本及草本植物来创造景观，充分发掘植物本身形态、线条、色彩等的自然美，用植物搭配出一幅幅供人观赏的美丽动人的画面。因此园林中的苗木是园林植物造景的主体之一，植物经过艺术布局可以组成各种适应园林功能要求的空间环境。同样，在澳门的园林发展史中，近代风景园林对丁澳门城市环境的营

---

[1] （清）吴历:《澳中杂咏》，清同治十三年。
[2] 王文达:《澳门掌故》，澳门教育出版社，1999，第263页。
[3] （清）汪兆镛:《澳门杂诗》，戊午冬排印本。

造起到了至关重要的作用，而这离不开园林苗木的种植与栽培。

澳门半岛从开埠至今环境变化非常大，最初这里是一个四处崎岖不平、土地贫瘠、土层较薄、气候条件比较恶劣的半岛。在澳门逐步演变成一个适宜居住的美丽城市的过程中，澳门近代风景园林对于城市绿化环境的改观起到了非常重要的作用，而绿化环境的改善离不开植物苗木的种植。数个世纪以来，无数海船来到或者经过澳门，从印度、泰国等地引进各种植物。18 世纪末和 19 世纪初，植物学家戴维·斯托纳奇（David Stornach）和威廉·克尔（William Kerr）先后来到澳门，在这里搜集了一些亚洲物种并寄到了伦敦的邱园（Kew Garden），同时将葡萄牙的一些树种引进澳门栽种。1887 年至 1893 年，澳门大约栽种了 16000 种树木。[①] 1883 年至 1884 年，澳门曾经向香港苗圃订购了 5000 株用于实验和野外种植的松树苗，[②] 这些松树苗的成活率很高。后来又在二龙喉一带建造苗圃，种植了大量桑树和两万多棵松树。根据农业专家的报告，1883 年 7 月和 1884 年 3 月种植的树木包括松树 20000 株、日本柏树 300 株、油桐 300 株、臭椿柏 300 株、月桂 300 株、无花果树 300 株、桑树 30000 株。1886 年共栽植树苗 6813 棵。[③] 这些树苗的培育与栽种在澳门近代风景园林的修建中起到了至关重要的作用。

---

① 〔葡〕埃斯塔西奥：《澳门绿化区的发展及其重要性以及澳门植物群的来源》，《文化杂志》1998 年第 36、37 期，第 105 页。

② 〔葡〕阿丰索：《澳门的绿色革命（19 世纪 80 年代）》，《文化杂志》1998 年第 36、37 期，第 127 页。

③ 〔葡〕阿丰索：《澳门的绿色革命（19 世纪 80 年代）》，《文化杂志》1998 年第 36、37 期，第 129~131 页。

第三节　华人富商的园林建设

在广东、福建一带有许多侨商园林。广东的北部为山地丘陵，东南面临大海，这造就了广东、福建人开拓进取、富于冒险的精神。在鸦片战争后，许多华人出国，形成了跨地域的华侨文化。这些侨商回国后积极参与家乡的建设，在他们的努力下逐渐形成了闽粤一带的侨商建筑和园林特色。澳门是东西文化交流的中心，在近代西方文化的影响下，一些杰出的富商开始在澳门建设家园。澳门这种独特的中西文化环境孕育了既具中国传统文化风韵又有西方建筑特点的澳门近代中式私家园林。这些园林建筑体现了折中的文化特性，对于我们分析和研究中西文化的交流非常重要，因为它们反映了西方价值观和美学观在中国的适应过程。园林的建造并没有西方人的强制性参与，是一种单向性文化输入的产物。具有中西文化交融特征的澳门园林是中西文化交流的特殊载体。

如卢廉若公园是澳门富商卢华绍在购地后交由其子卢廉若督造建成的。卢廉若为澳门商会和镜湖医院慈善会的值理会主席，他请广东的刘光谦设计建造了该园。刘光谦既是书画家，又擅长园林设计，是一个见多识广的艺术家。卢廉若公园建造得十分精巧细致，园内颇有江南园林的神韵，又融入了西方建筑风格，在其建造过程中还采用了岭南园林的造园手法。入口古色古香的"屏山镜楼"月洞门为典型的中式花墙拱门，而门洞前后的地面铺装则由两种风格截然不同的装饰图案组成：门洞前是由传统碎石拼接的代表福寿的仙鹤图案，门洞后则是具

有明显葡式风格的由黑、白、暗红石子铺砌的几何抽象图案。卢廉若公园一直到今天都是澳门居民享受生活的公共空间，也是澳门地区最具特色的中式园林。

另外，郑家大屋也是一个典型案例。这是中国近代的早期资产阶级改良派思想家、爱国民族工商业家、教育家、文学家郑观应的祖居。郑家大屋采用了中式传统的院落式布局，但在装饰手法上却融合了中、葡两国的特点，既有岭南常见的灰塑艺术，又有西方特色的拱券、门楣装饰、檐口线脚，等等。可见中西合璧是澳门富商园林的主流风格。

第四章 澳门近代风景园林的分类

本章将澳门的近代风景园林根据其发展历史和园艺风格分为近代欧式园林和近代中式园林两种。近代欧式园林根据其使用功能和性质的不同又可划分为四类：城市公园、公建庭院、炮台景观、坟场园林。而近代中式园林又有私家花园和庙宇园林之分。

第一节 欧式园林

澳门的城市公园有的也称花园，所有的公园都免费对外开放，且带有宜人的澳门特色。这些花园历史上多为私人所有，在19世纪下半叶至20世纪上半叶澳门进行城市绿化革命时被澳葡政府收购，成为属于全市人民的公园。澳门最早的花园是建于1870年的南湾花园（现多称加思栏花园）和1880年建成的白鸽巢公园，之后又建造了好几个花园。直到今天，这些花园里的植物以原有的自然植物为主，同时也引进了大量的外来植物品种，因此园中的生物种类十分丰富。

澳门有将人行道（步行径）设在林中的传统。在城区为行人或自行车专设的通道被围成一条条绿化带，这些通道将自然生命以及高质量的空气和生活引入市中心。一些最繁忙的汽车交通区也逐渐被改建为步行区，步行区采用美丽的葡式石子路面，并饰以各种装饰图案，使路面铺设变得丰富多彩。

这些公园点缀在城市当中，形成一条绿色走廊，补充了现有的城市结构和肌理，为澳门这个整洁的城市精心构造了一个绿色空间网络体系。1966 年澳门市内公园总面积为351401 平方米，离岛的公园总面积为 254166 平方米。①同时城市中布置了氹仔步行径、石排湾郊野公园径、九澳高顶家乐径等一系列步行径，它们是居民休憩、锻炼的好去处。

一 城市公园

城市公园主要是公共开放性公园，这些欧式传统公园多在 19 世纪末到 20 世纪初建造。葡萄牙在澳门进行殖民扩张时，一方面积极进行城市建设和开辟港口，另一方面致力于完善城市基础设施网络，为居民创造良好的城市环境条件。1864 年改善研究委员会对澳门进行了城市规划，其中一项为当时针对荒芜地区实施的系统绿化政策，主要措施为建造花园和恢复原有的花园。现存的近代城市公园有加思栏花园、白鸽巢公园、烧灰炉公园、保安部队花园、螺丝山公园、华

---

① 〔葡〕埃斯塔西奥：《澳门绿化区的发展及其重要性以及澳门植物群的来源》，《文化杂志》1998 年第 36、37 期，第 110 页。

士古达嘉马花园、得胜花园、二龙喉公园、西望洋花园和凼仔市政公园（见表4－1）。这些欧式传统公园带有葡萄牙花园的特色，园内树木茂密，处处生机勃勃。

表4－1　澳门近代的城市公园

名称	开放/建成年代	面积
加思栏花园	19世纪60年代	约6100平方米
白鸽巢公园	18世纪中叶	约19800平方米
烧灰炉公园	19世纪	约1050平方米
保安部队花园	19世纪末	约950平方米
螺丝山公园	19世纪末	约9500平方米
华士古达嘉马花园	19世纪末	约5000平方米
得胜花园	19世纪末	约2000平方米
二龙喉公园	1848年	约16100平方米
西望洋花园	20世纪初	约1200平方米
凼仔市政公园	1924年	约3500平方米

资料来源：作者自制。

（一）加思栏花园

1. 历史演进

加思栏花园位于家辣堂街与兵营斜巷、南湾大马路至东望洋新街之间，建于19世纪60年代，占地面积约为6100平方米，是澳门的第一座花园。从前可从这里眺望南湾景色，故此处也被称为南湾花园，又因临近加思栏兵营而被称为加思栏花园。昔日许多诗人曾在南湾美丽的滨海风景抒发感怀。清代知守印光任有诗云："海岸如圩抱，新潮浴渴乌。熔金看跃冶，丹药走红炉。舟泛桃花浪，龙盘赤水珠。蛮烟顿清阔，万象尽昭甦。"① 从诗中足可见当年南湾花园的旖旎风光。每逢佳节良宵，葡人男女于园中双双起舞，这可由"逢着人天安息日，亚当亲挟夏娃来"的诗句证实。②

加思栏花园前身是西班牙方济各会于 1580 年建成的方济各修道院，当时西班牙方济各会派首批传教士从马尼拉进入中国，在今天的加思栏沿岸的小山岗上修建了修道院。1585年西班牙方济各会士被葡萄牙方济各会士取代。1834 年因葡萄牙发生宗教取缔事件，澳葡政府接管了修道院。1861 年修道院被拆迁，在原址上又兴建了加思栏兵营。修道院原有的绿化区域则对外开放，并经由苏雅士（Matias Soares）设计监工，被改建成一处适合人们休闲娱乐的具有浓郁欧陆风格的城市花园。苏雅士将花园依据地势分为三层，低部位于南湾街与家辣堂街之间，高部的两层通过层层石阶相连。昔日花园四周筑有围墙和栏杆，园中绿荫环绕并设有音乐台，游人在园内不但可以闲谈、漫步、聚会、欣赏乐曲，身处其间还可观赏风景如画的南湾海景。正如《澳门杂诗》中有云："南湾园里路逶迤，杨柳梢头月影移，几许喃喃儿女语，绿荫深处坐多时。"③

花园一侧的陆军俱乐部的设计匠心独运、别具特色，它与花园融为一体。南湾花圃中建有一座两层高的飞檐绿瓦的亭子，它就是人们俗称的南湾八角亭。这座亭子建于 1926 年，先后被

---

① 印光任、张汝霖原著《澳门记略校注》，赵春晨校注，澳门文化司署，1992，第 24 页。
② 王文达：《澳门掌故》，澳门教育出版社，1999，第 263 页。
③ 吕志鹏、欧阳伟然：《澳门公园与花园》，三联书店（香港）有限公司、澳门基金会，2009，第 23 页。

作为南湾花园茶水部、葡式餐厅和桌球室使用，从 1948 年至今它一直是澳门中华总商会附设阅书报室。八角亭采用了中西混合的造型风格，外观大体为中式，底层则使用了西式装饰与花纹，是澳门中西文化融合的典范（见图4－1）。附近的樟树和榕树两棵古树亦甚有观赏价值。

图 4－1　加思栏花园八角亭

资料来源：作者自摄。

花园的最高处建有一座颇为别致的淡桃红色圆柱形建筑物（见图4－2），这是从前的欧战纪念馆，用以纪念在第一次世界大战中阵亡的澳门葡军。纪念馆楼高两层，四周有圆拱形的门窗，墙上刻有花纹，顶端有皇冠形状的装饰，它现在已被改建为澳门伤残人士体育协会。

1920 年花园前方一带开始进行填海工程，1935 年由于家辣堂街的开辟，花园的面积大为减少，仅保留了一片绿化园地。近年政府为完善各项配套设施，除了以葡式的碎石拼嵌图案如龙虾、双鱼、花卉等来美化路面外，同时还对加思栏及周边的绿化带进行了重整，附近街道也换上了怀旧式路灯。2004 年澳门自来水有限公司在这里设置了一座来自法国的和丽女神喷泉（见图 4-3），它是澳门地区第一座饮用水喷泉，为优雅的加思栏花园平添几分欧陆色彩，令人仿如置身于南欧小城。

图 4-2 欧战纪念馆

资料来源：作者自摄。

图 4-3 和丽女神喷泉

资料来源：作者自摄。

2. 空间布局与艺术特色

时至今日，几经改造和修缮的加思栏花园风韵犹在。从平面布局来看，家辣堂街将花园划分为两部分——前广场和台地式花园（见图 4-4）。前广场位于公园西面，呈开敞式，包括整片种植坛、中式八角亭、和丽女神喷泉等；台地式花园位于花园东面，主要由历史悠久的拱廊、壁泉、欧战纪念馆以及儿童游乐场等组成。其中拱廊位于底层，为花园早期的建筑物。从竖向布局来看，加思栏花园保持了苏雅士设计的三层台阶式布局，整个花园依地势而建，台阶与坡道交错排列，让人户生一种强烈的节奏感（见图4-5）。

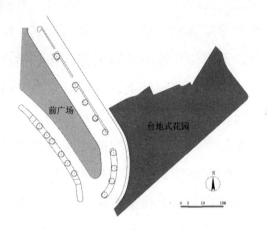

图4-4 加思栏花园分区示意

资料来源：作者自绘。

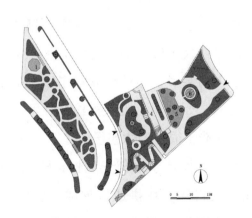

1.八角亭图书馆 2.整形种植坛 3.拱廊 4.壁桌 5.儿童活动场 6.纪念塔

图4-5 加思栏花园平面

资料来源：作者自绘。

　　加思栏花园在构图上呈现出规则与自然相结合的混合式布局，由底层前广场的规则几何形构图逐渐向第三层的自由布局递变；而在台地式公园的自由布局中隐约可以看到中轴线的存在，这条轴线贯穿了入口、壁泉、儿童活动场、纪念馆等重点构筑物，小径、甬道和其他小品则根据均衡和适度的基本原则被布置在中轴线两侧。在空间上，花园从完全开敞向半封闭过渡，半封闭的花园由于与人的尺度非常协调，易形成亲切宜人的环境气氛，而且半封闭、内向型的空间也便于将人的注意力吸引到精雕细凿的细部装饰上，如精美的碎石拼贴花钵、精致的壁雕等。公园植物配置上也呈现多样性：首先在前广场上是人工修剪的规则式整形种植，其中红、绿为主色调的观叶植物被修剪、组合成精美的图案花圃，圃中局部还点缀了些色彩艳丽的花卉作为搭配，极富装饰效果（见图 4-6）；其次在台地式花园部分，植物配置多为富有层次感的自然式植物群落种植，并且植物在高矮、颜色、形状、姿态等方面精心搭配，局部也有规则式种植，但其人工修剪的痕迹没有那么明显（见图 4-7）。此外，园中古树甚多，品种也非常丰富，是澳门古树种植最集中的公园之一，如樟树、假菩提榕树、罗汉松、凤凰木等古树为城市居民创造了很好的休憩场所。

　　园内的道路铺装保持了葡萄牙风格，即用规格统一的黑、白色花岗岩或石灰岩碎石块拼成，形成一幅幅精心镶嵌的图案。这种铺装方式来自葡萄牙，在"庞巴尔建筑风格"出现后开始流行，已经有两百多年的历史。过去葡萄牙人将石块放进船舱压重，在抵达澳门后石块被敲碎用于铺路。如今，这种铺路方式在澳门的大街小巷，尤其在一些著名的前地、

图 4 – 6　前广场整形种植坛

资料来源：作者自摄。

图 4 – 7　台地广场种植坛

资料来源：作者自摄。

广场和公园内多有使用，可以算是构成澳门本地特色的一项
标志。在色彩上，这种碎石铺地主要有黑白、蓝白、灰红等
组合方式，不同的色系组合带给人不同的视觉和心理体验，
其中黑、白两色的组合最为常见，并多以与大海相关的元素，

如海马、指针、帆船、船舵等作为装饰母题。加思栏花园中的铺地使用的是黑、白两色的搭配，白色碎石为底图，黑色碎石则拼成各式图案，有曲线形花纹图案，有欧式几何装饰图案，有太阳图案，也有抽象的海洋动物图案（见图4－8），这些图案展现出浓郁的葡萄牙风情，也为花园空地增添了美丽的色彩。

图4－8　葡式碎石路

资料来源：作者自摄。

园内的构筑物除八角亭外皆为南欧风格，以红色为主色调，搭配白色装饰条纹，给人以明丽大方的整体感觉。建筑装饰方面的葡萄牙元素尤为明显，如欧战纪念馆扭转造型的圆柱、雕饰精细又繁复的窗框、船舵纹样的雕饰都带有明显的曼努埃尔风格（15世纪末至16世纪中叶在葡萄牙形成的一种建筑风格）。此外，红色矮墙与宝瓶栏杆的搭配、漩涡样式的扶壁、装饰复杂的连券拱廊等元素的西式情调也显而易见。而位于前广场的八角亭则大体表现为中式风格，如双重八角攒尖顶、屋角起翘、红色中式窗框等，但细观这些构筑物局部的装饰及构建也可发现典型的西方元素。彩色碎石拼贴而成的花钵是加思栏花园的又一特色（见图4-9）。这些花钵为早期花园的园林小品，现在澳门已不多见，仅在白鸽巢公园内有同类型的花钵，两者应为同时代的产物。这种花钵造型别致、图案优美，在被用于栽植观赏花木的同时，其本身也是一件十分具有观赏性的园林小品。

图4-9　彩色碎石拼贴花钵

资料来源：作者自摄。

（二）白鸽巢公园

1. 历史演进

白鸽巢公园位于澳门圣安多尼堂区白鸽巢前地，占地约

19800 平方米，又称贾梅士公园，用以纪念四百多年前被流放来澳、在公园山洞中隐居的著名葡萄牙诗人路易斯·德·卡蒙斯（Luis de Camões，澳门人将其名字译作贾梅士）。昔日这里凤凰木极多，每年春夏凤凰花在此怒放，吐艳争红，故这里又被称为凤凰山。清末诗人曾为白鸽巢公园题诗一首："白鸽巢高万木苍，沙梨兜拥水云凉，炎天倾尽麻姑酒，选石来谈海种桑。"① 近代亦有报刊将白鸽巢公园列为濠江七景之一——"白鸽晓望"。

白鸽巢公园原址为葡籍富商佩雷拉（D. Manuel Boaventura Lourenço Pereira，澳门人将其名字译作俾利喇）的花园别墅，始建于 18 世纪中叶，其后曾被租给英国东印度公司，1833 年东印度公司结束租约后，佩雷拉将花园别墅传给其在澳的唯一女儿玛丽娅，业权后被转给玛丽娅的丈夫葡籍商人马奎斯（Lourenço Caetano Marques，澳门人将其名译作马葵士）。葡籍富商马奎斯在这里兴建别墅后，出于对卡蒙斯的热爱和崇敬，在园内开辟了石洞（即现在贾梅士石洞的前身），为这位诗人铸造了半身铜像。由于马奎斯喜爱白鸽，故对其大量饲养。因白鸽常栖于屋宇且远观时别墅建筑形似鸟巢，故时人称之为"白鸽之巢"。②

白鸽巢公园是 19 世纪澳门最负盛名的公园。著名画家钱纳利③以澳门为题材的绘画中就曾以白鸽巢公园为描绘对象。他

① 王文达：《澳门掌故》，澳门教育出版社，1999，第 245 页。
② 吕志鹏、欧阳伟然：《澳门公园与花园》，三联书店（香港）有限公司、澳门基金会，2009，第 14 页。
③ 钱纳利（George Chinnery）是英国画家，他于 1825 ~ 1852 年在澳门写生作画，留下了大量的作品。

眼中的白鸽巢公园有苍劲的榕树，有一丛丛秀雅挺拔的青竹，还有色彩鲜艳的蝴蝶飞来飞去并不时停留在美丽的鲜花上。公园中的最高处有一个用石头和灰建成的亭子，亭子的中央有沿子午线方向而成的狭窄裂缝。① 后来此处安放了卡蒙斯的铜质雕像。

马奎斯死后将此园赠予澳葡政府，澳葡政府为纪念在公园山洞中隐居并写下《葡国魂》部分篇章的葡萄牙诗人卡蒙斯，将园内石洞改名为贾梅士石洞，并用皮涅罗（M. M. Bordalo Pinheiro）铸造的卡蒙斯半身铜像代替了马奎斯早年铸造的铜像（见图4-10）。该铜像正面刻有《葡国魂》第一章的前三段诗句，背面则刻有其中文译文。1885 年这里成为对外开放的花园，

图 4 - 10　卡蒙斯铜像

资料来源：作者自摄。

---

① 陈继春：《钱纳利与澳门》，澳门基金会，1995，第 88 页。

而一些原建在贾梅士石洞上的建筑物亦在那时被拆卸。1920 年原来的马葵士大宅被改建为贾梅士博物馆，并于 1989 年被转售给东方基金会。

现在树木葱郁的白鸽巢公园是澳门目前古树品种和数量最多的公园，有红桂木（全澳只有两棵）、假柿树、破布木，等等，园中群树环抱，其间鸟鸣不绝。一进花园，便见四棵古老的榕树巍然立于园内，别具风貌。不远处有一座题为《拥抱》的艺术雕塑立于喷水池中央，这座雕塑由女雕刻家韦绮莲创作，从 1996 年开始被摆放在公园中。在雕塑周围及通往贾梅士石洞的石阶的路面上铺设了多幅以《葡国魂》① 史诗为主题的石砌图案（见图 4 - 11），它们由佐治（Jorge Estrela）根据费雷塔斯（Lima de Freitas）大师的绘图设计。沿着迂回曲折的丛林路径上行，经过贾梅士石洞，便可到达瞭望台（见图4 - 12）。这里是花园最高处，可由此眺望内港景色。该瞭望台是 1787 年法国地理学家、探险家方济亚公爵（Jean François de Galaup，Comte de Lapérouse）在其舰队停泊冰仔期间，为进行天文学研究而建造的。朝花园北面前行，经过利用两组天然重叠的岩石设计而成的人工瀑布后朝下走，便能看到圣人金大建（1821 ~ 1846年）的雕像。他曾在 1837 ~ 1842 年来澳门研习，是澳门第一位韩国殉道者。1986 年，韩国天主教会将这座雕像赠送给澳门教区。②

---

① 《葡国魂》的英译名是 "The Lusiadas"，即 Lusus 的后代。Lusus 是传说中卢西塔尼亚（葡萄牙的古称）的缔造者。正如书名所示，这部史诗是对一个民族宏伟功绩的歌颂，诗中的英雄是葡萄牙民族。卡蒙斯的作品虽然赞美自己的民族，但也有对海上霸权的批判。

② Elsa Maria Martins Dias：《濠园掠影》，澳门市政厅，1999，第 18 页。

图4-11　《葡国魂》
石砌图案

资料来源：作者自摄。

图4-12　白鸽巢公园
瞭望台

资料来源：作者自摄。

2. 空间布局与艺术特色

　　白鸽巢公园在空间布局上为混合式布局，即规则式与自然式相结合的布局（见图4-13）。公园西部的前院为严格的规则式对称格局，有一条明显的起导向作用的中轴线，主景《拥抱》雕塑设在中轴线上，周边对称布置有组合花坛，沿轴线还铺设了十幅线性布置的葡式石拼画以增强导向感（见图4-14）。而东部的园林则顺应地势、因地制宜，以自然式布局为主，其平面构图中几乎没有直线元素的存在，体现一种既亲切宜人又精致的艺术特点，颇有中国自然山水园林的味道。公园的造园手法和细节处理体现了中西文化的融合，有中国古典园林常见的蜿蜒小径、中式石亭，有西方常见的缓坡草坪、修剪的整形树篱、几何造型灌木、象征西方文化和精神的主题雕塑等，此外还有反映澳门地域特色、方便人们观景的瞭望台。在白鸽巢公园中，这种规则式布局与自然式布局相得益彰，它们在结合本土地域特色的同时又使中西造园手法融为一体。

图 4 - 13　白鸽巢公园平面　　　图 4 - 14　白鸽巢公园全貌

资料来源：作者自摄。　　　　　　资料来源：作者自摄。

（三）烧灰炉公园

烧灰炉公园位于民国大马路，始建于 19 世纪，面积仅有约 1050 平方米。公园边矗立着一座建于 1868 年的利玛窦中学旧校址（现为利玛窦小学）。利玛窦中学前身是怡和洋行的商房，该建筑物以黄白色调为主，属老式葡萄牙庄园建筑，门窗顶部的圆形浮雕是当时流行的仿古装饰。从前的烧灰炉公园只有攀爬架、秋千、滑梯等基本设施，四周有浅黄色矮墙。1996 年 4 月，政府将之改建为交通安全教育主题公园，园内设有类似交通系统、安全岛、斑马线、行车线及多种路面行车符号等模拟真实路面环境的设施，这成为此公园的主要特色。园内还备有多辆小型电动汽车及三轮车，它们被出租给儿童玩耍，让儿童在游戏中增强交通法规意识。此外，公园内还有各类花草树木、圆形小水池、鹅卵石健康步行径、供市民憩息的石椅石台和儿童嬉戏玩耍的游乐区。[1]

（四）保安部队花园

保安部队花园位于兵营斜巷保安部队博物馆内，建于 19 世纪末左右，面积约为 950 平方米。花园的整体布局呈阶梯状分布，共有三层，层次鲜明。从首层经过澳门保安部队博物馆的走廊才能通往花园，花园两旁是千姿百态的马尾松盆栽，近门处还保留着昔日的哨兵站，从哨兵站向左拐有一门英国制造的 25 磅野战炮供人观赏。顺阶梯而下可从花园的首层进入第二层。第二层平面形似英文字母"P"，"P"的最上方有一个用砖砌成的盾形徽号，徽号内容包括澳门特区的区徽、澳门保安部队事务局的中文字样及其葡文简称"DSFSM"。在"P"的下半部分，即其一竖的位置，每隔一定距离就置有一门小炮，共九座，炮口一致对外，形成一触即发之势。继续顺阶梯而下，可见另一个澳门保安部队事务局的盾形徽号镶嵌于墙身，徽号顶部为松山灯塔的图案，两侧为植物图案，下有"挚诚服务"的中葡字样。该层为花园的最底层，在该层可由后门通往松山。[2]

（五）螺丝山公园

螺丝山公园位于鲍斯高学校对面一个植被茂密的山丘上，占地面积约为 9500 平方米，建于 19 世纪末，是当时的总督罗沙推行的绿化澳门、开辟公园区计划的成果之一。由于园内设有迂回的螺旋小径引导游人到达上方螺丝形的人工瞭望台，以

① 吕志鹏、欧阳伟然：《澳门公园与花园》，三联书店（香港）有限公司、澳门基金会，2009，第18页。
② 吕志鹏、欧阳伟然：《澳门公园与花园》，三联书店（香港）有限公司、澳门基金会，2009，第19～21页。

及整座公园形似一个巨型螺丝（见图 4 - 15），公园便被称为螺丝山公园。[①] 1869 年负责研究如何改善澳门环境的委员会在报

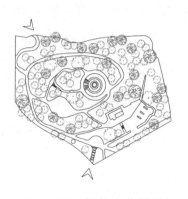

图 4 - 15 螺丝山公园平面

资料来源：作者自绘。

告中指出，需要"净化环境"并在全澳推广种植乔木和灌木，时任总督罗沙遂开始进行绿化澳门计划，绿化松山山冈，并开辟了多个公园，螺丝山公园便是其中之一。现在公园内最具特色之处便是中央的螺丝形石山，昔日在此可眺望黑沙环海滩。但自黑沙环海滩被填塞后，现在只能看到黑沙环区及渔翁街一带的景色。[②]

公园设有两个入口，一个位于新雅马路（昔日新雅马路亦是螺丝山登山小路的一部分），另一个位于亚马喇马路。螺丝山临近建有望厦坟场，公园昔日为荒郊之地，本是一座石山，山上石景颇多，经葡萄牙工程师开辟螺旋形小径后，石山原貌已不复见。1986 年政府对公园重新进行整修，增加了座椅、儿童游乐场、溜冰场等设施，并在近门处设立了意大利天主教神父圣若望鲍斯高（San Giovanni Bosco）的塑像。

（六）华士古达嘉马花园与得胜花园

华士古达嘉马花园与得胜花园原来是连在一起的，它们的

---

① 吕志鹏、欧阳伟然：《澳门公园与花园》，三联书店（香港）有限公司、澳门基金会，2009，第 26 页。

② 吕志鹏、欧阳伟然：《澳门公园与花园》，三联书店（香港）有限公司、澳门基金会，2009，第 27 页。

前身为新花园，后因花园中部的园地被改作他用，南端被改名为华士古达嘉马花园，北端则被称为得胜花园。华士古达嘉马花园和得胜花园建于 19 世纪末，澳葡政府为了纪念葡萄牙航海家瓦斯科·达·伽马（Vasco da Gama，澳门人将其名字译为华士古达嘉马）率领的舰队抵达印度四百周年，命葡萄牙工程师努内斯（Augusto D'areu Nunes，澳门人将其名字译作鸦寮努尼士）设计了一条林荫大道。林荫道全长 500 米，宽 65 米，两旁均植有假菩提树，摆放有盘花，设置了休闲椅凳供游人休息。园中有一高台，曾经有乐队每星期在此演奏世界名曲。[①] 有《竹枝词》云：“下九初三旧有期，登台奏乐集华夷，荷兰卜画南湾夜，按谱嗷嘈听鼓师。”[②] 部分古树至今仍屹立在该处见证百年沧桑。时移世易，今天林荫大道已不复存在，南端的华士古达嘉马花园与北端的得胜花园被学校、酒店和治安警察厅等建筑物隔开。

华士古达嘉马花园占地面积不大，仅为约 5000 平方米，呈不规则四边形，分为两层，底层设有波浪形喷水池、健身器械、鹅卵石步行径、石椅，整体呈带状，上层则以达·伽马的半身铜像为中心修建了水池、喷泉和四块规则种植的花坛，西南方设置有儿童活动场地，花园整体构图非常简洁（见图 4 - 16）。在植物配置方面，底层是常绿灌木和彩叶植物搭配、修剪而成的模纹花坛，上层主要是小型乔木或灌木，如垂柳、黄槐、鸡蛋花等的列植或散植，显得十分疏朗开敞（见图 4 - 17）。花园

---

① 王文达：《澳门掌故》，澳门教育出版社，1999，第 252 页。
② （清）汪兆镛：《澳门杂诗》，戊午冬排印本。

中纪念达·伽马的半身铜像下方是方尖碑和一些浅浮雕，铜像由雕刻家科斯塔（Tomás da Costa，澳门人将其名字译作高士达）创作。1997年，澳门民政总署下令重整这座花园，在花园下层修建了一个波浪形喷水池，又修筑了新路径并搭建了供市民休息的凉亭；而在公园上层则围绕铜像新建了水池和喷泉。

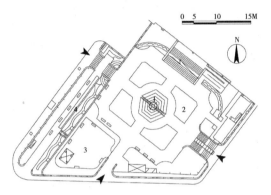

1 瓦斯科·达·伽马半身铜像及水池　2 横纹花坛　3 儿童活动场　4 带状水景

图 4 - 16　华士古达嘉马花园平面

资料来源：作者自绘。

图 4 - 17　华士古达嘉马花园全貌

资料来源：作者自摄。

得胜花园占地仅有约 2000 平方米，其重要性在于它的历史意义。早期它被称为懊悔者之园（Campo dos Arrependidos），不久又先后改名为胜利花园（Campo da Vitoria）和得胜前地（Praça da Vitoria）。得胜纪念碑立于花园中心作抬高处理的正方形地块上，是全园的中心主景。该八角柱状的大理石石碑是为纪念 1622 年 6 月澳门葡人战胜荷兰人而建的。据历史记载，1622 年 6 月 24 日澳门民众曾在此联合驻澳葡军重创企图入侵的荷兰士兵，令他们落荒而逃。得胜花园是在重整得胜前地的基础上建成的，它是与葡萄牙花园形制比较接近的欧式花园，具有几何式线形特征（见图 4－18）。得胜花园在空间上严谨对称，其格局主次分明。花园周边有规则的几何式花坛环绕，植物颜色以深绿色为主，加上其严谨的布局，花园整体给人一种庄重肃穆的感觉（见图 4－19）。

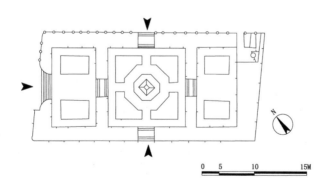

图 4－18　得胜花园平面

资料来源：作者自绘。

（七）二龙喉公园

二龙喉公园又被称为何东花园或兵头花园，位于松山西麓，

图4-19　得胜花园纪念碑

资料来源：作者自摄。

占地总面积约为 16100 平方米，是澳门半岛唯一设有动物园的公园，由阿尔梅达（Fr. Almeida，澳门人将其名译作亚美打）神父 1848 年命人建成。19 世纪末，澳葡政府将其购入并用作澳门总督的官邸。1931 年，园内一座火药库发生爆炸，建筑物受到严重破坏。其后，花园为香港富豪及慈善家何东爵士购买。不久，何氏将之赠予政府。花园的中文名牌上写着"何东花园"。因花园临近一口名为"嫉妒之泉"的山泉，公园又被称作二龙喉公园。时至今日，这口山泉已不复存在。

　　在 19 世纪，园内植物品种繁多，当时这里被选作树苗圃，栽种了不同树种以增加苗圃的生机，这使公园成为令人心情愉悦的地方。① 从士多乌拜斯大马路进入公园可见一林荫大道，大道两旁种植有不同品种的乔木和灌木。在林荫大道的终端建

---

① 〔葡〕阿丰索：《澳门的绿色革命（19 世纪 80 年代）》，《文化杂志》1998 年第 36、37 期，第 163 页。

有一座小型池塘，池塘四周建有回廊。公园门前左边设有人头形的两个出水开关（见图4－20），在粤语中，出水开关俗称"水龙喉"，公园因此得名。现在公园内除具有特色的古树叉叶木外，亦有种植其他花木，包括大叶合欢、石栗及洋蒲桃等。此外，公园内设有大型的综合运动场、沙地、儿童游乐区及康乐设施。园中小径纵横交错、互相衔接，园内花木遍布，景色错落有致。沿主大道尽头处的一段长长石阶而上可到达松山市政公园。

图4－20　二龙喉公园入口的出水口

资料来源：作者自摄。

（八）西望洋花园

西望洋花园约建于20世纪初，位于西望洋山山腰的圣珊泽马路，因西望洋山而得名，它有时也被称为圣珊泽花园。花园面积约为1200平方米，建在圣珊泽马路向上的一块高地上，与其周围的建筑风格一样，花园十分具有南欧情调。整座花园平面呈不规则矩形，因地势分为三层。地势较低的一层中心设圆形凉亭，该亭平面呈规则的圆形，造型十分简洁，具有现代的气息，而亭内立柱却有模仿西方古典柱式的痕迹（见图4－21）。亭子周边布有秋千和其他户外健身器材。第二层为儿童游乐区，第三层主要为苗圃并有一条鹅卵石健康步行径。花园被古树假菩提环绕，园内绿树成荫、凉风飒爽、景色宜人。站在园内可看到南湾、新口岸、凼仔以及珠海横琴的部分景色，因此花园不失为一个观景的好去处。

图4－21　西望洋花园中心圆形凉亭

资料来源：作者自摄。

（九）凼仔市政公园

凼仔市政公园建于1924年，位于凼仔嘉路士米耶马路嘉模圣堂前方和市政图书馆旁。花园的面积约为3500平方米，平面呈不规则矩形，是澳门八景之一"龙环葡韵"的一部分（见图4－22）。该园建造在山坡上，园内有一小型山体，园地分为平地与丘陵两部分，又有山体、道路、斜坡将全园划分为若干小部分。其中西南面花园入口处的十字形花瓣喷泉水池和东北面的小型山丘是园中的主要景观，二者都颇具特色。进入公园便能看到一个圆形花架，花架中心有一造型独特的十字花瓣形喷水池，架下布置均匀的红色云状座凳与花架廊外环绕的曲线形花坛相映成趣，花架与廊架入口处的红色拱桥布置共同构建了处理手法别致新颖、色彩协调的花园景观（见图4-23）。喷水池后即约占全园一半面积的小型山丘，在山丘的三面有欧陆式小径通达最高处，三条台阶小径各自具有独特的造型：正对喷泉的台阶小径两边有由弧形水滴状的连续花槽组合成的低矮护栏，这些花槽都被涂以淡雅清新的浅绿色，具有强烈的韵律感；侧面的台阶小径的护栏采用圆形与三角形的重复组合，十分富有趣味性；山体后面的台阶相对来说不那么华丽，采用了直线元素，显得简洁轻巧。三条小径的护栏与山丘顶部的矮墙护栏连为一体，显得十分协调。山体的顶部有一造型别致的圆形平台，平台上立有葡萄牙诗人卡蒙斯的铜像，平台为全园的视觉控制中心。

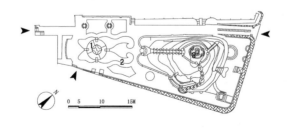

1花架及水池　2花带　3卡蒙斯铜像

图4-22　氹仔市政公园平面

资料来源：作者自绘。

图 4 - 23　花架与十字花瓣形的喷水池

资料来源：作者自摄。

园中的植物以规则式种植为主，并同时采用了孤植、丛植、片植等多种种植形式。公园根据审美和植物群落特征对树木进行了配

图 4 - 24　花园景观

资料来源：作者自摄。

置，如平地的种植坛呈优美的带状曲线排布（见图 4 - 24），坛中以灌木球、绿篱为主，里面还配有色彩明快艳丽的花木，选用的树木有蒲葵等小乔木和假菩提树等澳门常见的高大落叶乔木。坡地铺设部分草坪，草坪周边植有低矮灌木，突出了主景——卡蒙斯铜像。公园中不同植物的搭配相得益彰，起到了隔景、障景的作用，增加了整体景观的层次感与变化，营造出生动活泼的空间格局。

二 公建庭院

公建庭院指建在公共建筑周围或被建筑物包围的场地上的景观创造，在澳门通常指某一公共建筑的内花园。近代可考的公建庭院有民政总署大楼花园、南湾总督府花园、东方基金会花园以及圣珊泽宫花园。

（一）民政总署大楼花园

民政总署大楼花园位于新马路中段的民政总署大楼的内庭院，仅占地290平方米。民政总署大楼位于澳门的心脏地带，北面正对议事亭前地，大楼前身是一个中式亭楼——议事亭，后经葡人购买后成为议事亭公局。大楼最早建于1784年左右，目前的建筑物是在1874年重建的。1939～1940年，澳葡当局进行了市政厅大楼重建工程，花园即在那时候建成。花园的设计参照了葡萄牙及其殖民地果阿的传统花园风格，同时糅合了澳门庭院式花园的设计构思。大楼的设计图由博尔赫斯（Gastão Borges）草拟，其中一项内容为将大楼的庭院美化为花园。

从新马路市政厅大楼正门进入，穿过一道拱门并拾级而上，可到达花园和市政厅一楼。花园中央有形似浑天仪的石制球体，象征着葡人遍布世界。花园中央的铺地图案为地球形状，上面标有根据《托得西拉斯条约》确定的分割线，这是葡萄牙与西班牙争夺全球势力范围的历史见证。四周墙壁贴有南欧风格的装饰瓷砖，带有浓郁的异域风情，用瓷砖装饰建筑是葡萄牙于1580～1780年产生的建筑装饰手法。花园两侧分别竖立葡萄牙诗人卡蒙斯和狄若翰（João de Deus）的半身塑像，园内四周种满植物、棕榈成荫，构成一幅优美的图画（见图 4 - 25）。民政总署大楼花园在空间布局上简洁明朗、线条分明、讲究对称，运用了色彩的明暗对比产生视觉冲击，花园因此显得典雅且富有浪漫主义色彩。

图 4 - 25　民政总署大楼花园内景

资料来源：作者自摄。

（二）南湾总督府花园

南湾总督府现为中华人民共和国澳门特别行政区政府总部，坐落于澳门南湾大马路，原来是澳门总督的官邸，后为澳门行政长官的办公地点，是澳门最高权力机关所在地。南湾总督府由葡萄牙著名建筑师托马斯·德阿基诺（José Agostinho Tomás de Aquino）设计建造，无论在设计上还是在色彩上都极富葡萄牙风格。[1] 总督府于 1840 年由澳门的建筑商承造，是一座典型的葡萄牙式建筑物，占地面积约为 50000 平方米。

---

① 张鹊桥：《澳门总督府今昔——纪念澳门回归十周年》，《建筑与文化》2009 年第 9 期。

考虑到后高前低的地势，南湾总督府花园正中布置有花架，两旁对称布置了水池和草地以增加纵深感。两条带状水池被一条笔直的小径分割，小径两旁布满喷泉。水池的尽头为一处小型景观瀑布，瀑布石缝间有淙淙流水。瀑布上是供人休息的景观廊道，廊道上植满了各式各样奇花异草，充分体现了传统葡式花园的特色。由于该花园并不对外开放，我们只能通过图片（图4－26）领略花园的美景。

图4－26　南湾总督府花园景观

资料来源：刘先觉、陈泽成：《澳门建筑文化遗产》，东南大学出版社，2005，第148页。

（三）东方基金会花园

东方基金会位于白鸽巢公园旁，即今日的白鸽巢前地十三号，其花园素有"花园之家"的美誉。基金会前身是前文提到的葡萄牙富商马奎斯的别墅。东方基金会花园原与白鸽巢公园连为一体，两者从前都属于马奎斯，且有着相同的历史境遇。1885年东方基金会的整座建筑物被政府购买，成为政府不同部门，如工务局、作战物资收藏库、官印局、中央档案馆等的办

公室。1920 年，它被改建为贾梅士博物馆。在这段时期，这座
建筑与白鸽巢公园被围墙分割成两部分，成为相对独立的附带
庭院的公共建筑，并各自发展至现有规模。从公园体系来讲，
东方基金会花园为附属于公共建筑的公建庭院，白鸽巢公园是
对外开放的城市公园。1989 年别墅成为东方基金会办公地址，
故本书将其附属花园称为东方基金会花园（见图 4 – 27）。

图 4 – 27　东方基金会花园入口

资料来源：作者自摄。

　　花园以正对主楼的人工水池为中心主景，该水池呈规则的
圆形，在正对建筑入口的西班牙式大台阶处伸出一半圆平台。
水池右侧的草坪上立着以大理石石碑为底座的铜像，铜像人物
为这片物业的最早拥有者葡萄牙贵族富商佩雷拉。这座花园在

布局上开了澳门住宅式花园的先河。

（四）圣珊泽宫花园

圣珊泽宫俗称澳督官邸，现为澳门特区政府礼宾府，建于1846年，位于澳门西望洋山圣珊泽马路，面朝西湾。这座大宅最初为澳门著名土生葡人建筑师托马斯·德阿基诺的住所。1923年总督罗德礼（Rodrigo José Rodrigues）以政府财政厅名义买下此建筑，并先后将其作为儿童医院和贾梅士博物馆。1937年总督巴波沙（Artur Tamagnini de Sousa Barbosa）把住所迁入圣珊泽，成为首位以圣珊泽作为官邸的澳门总督。以后历任澳门总督均以此作为其官邸，直至最后一任总督韦奇立（Vasco Joaquim Rocha Vieira）。

"圣珊泽"为葡语音译，原意为洗衣妇水塘，由此可见当时该建筑所处的环境。圣珊泽宫是一栋极富葡萄牙古典建筑色彩的两层高级别墅，它有对称的布局，外墙为红色粉刷，窗框及建筑装饰线条采用白色粉刷，红白相间使整个建筑显得干净典雅。圣珊泽宫花园面积颇大，位于府邸前并在建筑两侧展开，平面呈三角形，构图规则，尺度与圣珊泽宫十分协调，整体十分优雅美丽。[①]以府邸入口为中心呈半圆形发散的彩色几何铺装地面是花园的最大亮点，该铺地具有典型的葡萄牙园林风格，显得十分庄重典雅。

三 炮台景观

澳门自古就是令西方殖民者垂涎的必争之地，炮台等防

御设施在这座历史悠久的军事城市的海岸防卫中扮演了重要角色。这些军事防御设施是占据澳门的葡萄牙殖民者以巩固其在澳门的控制力和防御能力为目的在沿海地区修建的，其中较为大型的军事炮台有坐落于东望洋山的东望洋炮台和位居大炮台山的大三巴炮台等，它们守护了澳门数百年。炮台的修建首先是为满足葡人强烈的防御需求，它们不是专门构筑的城市景观；然而经过数百年的历史变迁，炮台已成为澳门城市景观的一部分。炮台多建于澳门沿海一线的山上或城市核心地段。配合其周围优美的地理生态环境，炮台景观经过百年历史积淀成为澳门一道亮丽的风景线。本书仅对其中具有一定观赏价值的炮台景观，即东望洋炮台、大三巴炮台、氹仔炮台进行论述。

（一）东望洋炮台

东望洋炮台坐落于澳门半岛的最高点东望洋山山顶（海拔91.07米），建于1622年，占地约800平方米，平面呈三角形，属中型炮台。其护墙为石砌的复合城墙，用泥浆黏合，能抵挡舰炮炮弹。护墙墙体高6米，为典型的炮台墙体，女儿墙（小型外墙）高约2米，并迂回地连接着主体。炮台的大门设于岗楼入口，是连接堡内广场的基本通道。堡内广场尽管面积不大，却采用了紧密的复合型军事布局，合理地利用了松山顶部有限的建筑用地。沿楼梯而上便是澳门半岛的最高点，这也是澳门在世界地图上的坐标位置。

东望洋炮台原来有四座塔楼，现仅剩两座。塔楼兼具岗哨、暗堡、瞭望和射击四个功能，是除主炮台以外的主要建筑，对炮台的整体功能具有重要意义。东望洋炮台是城防发展成熟期的代表性建筑,是澳门目前原貌保存最完好的炮台之一。周边后续修建的建筑如灯塔、海岸炮台和洞穴要塞,非但未大幅度地改变东望洋炮台的原貌,还增添了它的特殊性和景观价值。其中著名的松山灯塔建于1864年,位于东望洋山的顶部,共分为三层,呈圆柱形,高约13.5米,其外观顶部为红色筒瓦屋面。灯塔上部是双层瞭望塔,顶层收进。灯塔主体为砖筒结构,目前仍在使用。该灯塔是中国及远东沿海最早的灯塔,具有重要的历史价值,也是重要的澳门城市标志。

(二)大三巴炮台

大三巴炮台又称大炮台,位于大三巴牌坊的右侧。同其地理位置一样,它对整个澳门近代社会生活具有重要的历史意义。

大三巴炮台原名圣保禄炮台或中央炮台,于1617年开始修建,1626年建成,位于澳门半岛中部的大炮台山顶,高踞澳门市中心。1623年,首任澳门总督意识到炮台的战略价值,遂将其从耶稣会会士手中抢夺过来,改造为一个更坚固的堡垒,炮台从此成为澳门总督的官邸。随着总督权力的增加,炮台相应地成为澳门的军事政治权力中心,从1623年到19世纪中叶,历任总督均在此举行就职仪式。同时,大三巴炮台也是澳门对外联系、举行正式仪式的场所。大三巴炮台向来是军营所在地,此地驻军虽经常更换,但都利用这里作为驻防地及军需品仓库等。1965年,大三巴炮台结束了其作为军营的历史,同年澳门气象台迁至该处,旧军营被拆除。1995年气象台迁出,大三巴炮台被同时改造设计成澳门博物馆。

大三巴炮台占地面积约1000平方米,其平面呈四边形,四角突出形成尖形的小平台。在大平台四角以及平台东、西、南

三边放置了数门大炮，由于其北面正对大陆地区，所以当时没有建立堞墙。平台南侧放着一口铜钟，应该是当年发生战争时用来报警的警钟。作为重要的防御中心，大三巴炮台经过了数次修葺。今日大三巴炮台区域的大片空地已被改造为花园，绿草如茵，古树参天。大三巴炮台四周景观优美，站在上面可以俯瞰全澳景色，更可远眺珠江口及拱北一带的风光。

（三）凼仔炮台

凼仔炮台建于1847年，位于今凼仔码头公园旁。炮台最初主要用于防御南海海盗以及保卫凼仔的海防治安。后来其用途随着海患的平息而改变。炮台曾被当作总督的夏宫，数十年后又成为凼仔离岛警司署。1998年警司署迁出，1999年5月起它成为澳门童子军总会总部。

炮台坐落于凼仔岛最西端的海边，正面向海，背靠小谭山。整座炮台大致可分为左、中、右三个区域。正中部分有一座较大的建筑，其正面为炮台的主体部分，侧面一门上刻有盾形的石徽，书有"1847年"字样，这是炮台的建造年份。而在该建筑的左后方另有两座较小的平房，为带有伊斯兰特色的哨房。沿炮台后侧向上可看到一座圆形的建筑物，它是昔日的军火库房。沿建筑物旁边隐藏的小径可到达隔壁的纪念碑花园，该花园是为悼念1851年葡萄牙战舰玛丽亚二世号爆炸事件中的遇难者而建。炮台对面因河道淤积已成为一片平地，该处现被辟为码头公园。

四 坟场园林

澳门有多个历史悠久的坟场。由于澳门是一个中西文化并存、融合的地方，居民宗教信仰不一，于是在此形成了多种多样的丧葬仪式。不同的坟场反映了不同的宗教色彩及民俗习惯，因此它们的布局也大相径庭。其中，基督教坟场、西洋坟场、伊斯兰教坟场以及白头坟场为坟场园林的代表，园内花木遍布，径道纵横，清幽寂静，十分具有特色。

（一）基督教坟场

基督教坟场位于白鸽巢前地的白鸽巢公园旁，原名东印度公司坟场，总面积约为 2355 平方米，在这个名人墓穴众多的坟场中，我们可以找到著名画家钱纳利以及传教士马礼逊（Robert Morrison，1782～1834 年）的墓地。基督教坟场布局分两部分，前边是马礼逊教堂，后边是墓地（见图 4 - 28）。马礼逊教堂（见图 4 - 29）建于 1821 年，是澳门最古老的基督教传道所。马礼逊是西方派到中国大陆的第一位基督新教传教士，他是在中国境内把《圣经》翻译为中文并出版的第一人，使基督教经典得以被完整地被介绍到中国。同时他也是第一本中英

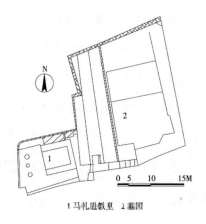

1 马礼逊教堂　2 墓园

图 4 - 28　基督教坟场平面

资料来源：作者自绘。

图 4 - 29　马礼逊教堂

资料来源：作者自摄。

文辞典的编写者。马礼逊教堂的门窗采用了别致的拱券结构，门前亮着很有特色的小圆灯。教堂没有过多装饰，其立面非常简洁干净，整体粉刷为白色，唯在女儿墙上有一两条线脚修饰，其整体建筑形式为简化的罗马式风格。教堂顶部保存着年代久远的屋梁、屋椽以及两台长吊扇，教堂四周的环境清幽脱俗。教堂后为墓园，有数十座坟墓，埋葬的多是来华的英国商人、殖民主义者、鸦片战争中在华身亡的英国将领以及基督教传教士。

墓园部分根据地势可分为高低两个层级，低层级呈带状，高层级近似为平行四边形，面积比低层大很多，是墓园的主体部分。园内环境清幽，十分静谧。此外，园中雕刻精湛、造型传神、形态优美的墓碑雕塑也体现了西方花园式墓园的一大特色。

（二）西洋坟场

西洋坟场位于澳门西洋坟马路，俗称旧西洋坟场，原称圣味基坟场，建于1854年，专葬在澳门去世的葡萄牙人。随着市区的发展坟场逐渐被房屋街道包围，现处于市区之中。该坟场可以说是澳门所有坟场中艺术性最高的一个。

不同于基督教坟场的前后布局,西洋坟场入口处便是一条直通教堂的林荫道,圣味基教堂位于道路尽端,墓园在教堂两侧对称布置(见图4-30)。圣味基教堂建于1874年,是一栋淡绿色的有哥特风味的建筑,教堂正立面上有尖券与飞扶壁,室内有彩绘的玻璃窗,在细部装饰方面亦采用了哥特建筑的垂直线条处理手法。教堂两侧的累累墓冢排列整齐,其中不少古墓十分美观,镶嵌有十字架、天使、花卉及人物的浮雕塑像,具有较高的艺术价值。整个墓园依地势缓坡而上,古墓据地形层层而建。墓园周边的植物生长茂密、种类繁多、色彩丰富(见图4-31)。

图4-30 圣味基教堂

资料来源:作者自摄。

图4-31 墓园景观

资料来源:作者自摄。

(二)伊斯兰教坟场

伊斯兰教坟场又称回教坟场,位于摩罗园路,在新口岸水塘旁并与澳门治安警察厅总部的修车厂为邻,占地面积较大，有 30000 余平方米。伊斯兰教何时传入澳门已不可考，但是历史上澳门的伊斯兰教曾经非常兴盛，教徒多是印度人和巴基斯坦人。据估计，伊斯兰教传入澳门发生在明朝以前，来澳门经商的商人就有许多来自信奉伊斯兰教的地区，例如印尼的爪哇。目前澳门有数百名穆斯林，并且设立有澳门伊斯兰会组织。澳门伊斯兰会旁边即回教坟场，坟场内有一座简单的清真寺，即摩罗园清真寺。① 坟场始建于 1774 年，据说当时在澳门与印度果阿间进行航海贸易的穆斯林商人在此兴建了这座小型清真寺，以供他们膜拜真神安拉和先知穆罕默德。坟场入口建有一座高大门楼，上书"澳门伊斯兰法真寺及坟场"，坟场内葬有不少中国、印度、巴基斯坦等国的穆斯林。无论是何国籍，只要信奉伊斯兰教便可葬于此。坟场内大树成荫、花木遍布、径道纵横，坟场外围有高达 2 米多的围墙、从外面很难看清内部景色。

（四）白头坟场

白头坟场位于松山白头马路，其入口面向岭南中学。该坟场建于 1829 年，是从前的澳门琐罗亚斯德教教徒的公墓。琐罗亚斯德教约于公元 6 世纪初或更早随着对外贸易的发展传入中国，由于其教徒崇拜圣火又名拜火教。在澳门，大概因为该教祭司以白布围头，这个宗教被称为白头教，因而他们的墓园就被称作白头坟场。墓园内有 14 座石棺式墓冢，均建于 1900 年以前，由于墓里并没有骨殖、骨灰，这些坟墓只是纪念冢。白头坟场曾被称为白头花园。2002 年墓园入口因一场交通意外而

---

① 许政：《澳门宗教建筑研究》，东南大学博士学位论文，2004。

被毁坏，后政府遵守修旧如旧的原则，按照其原有结构并利用相同材料对其进行修复。现在的墓园入口石门上可看到明显的材质新旧对比，这是当时修补所留下的痕迹（见图 4-32）。

图 4-32　白头坟场入口石门修复痕迹

资料来源：作者自摄。

第二节　中式园林

在澳门自开埠以来四百多年的历史里，长期的华洋杂居促成了澳门中西文化相互交流、不同宗教和生活习俗并存的独特城市风貌。一方面葡萄牙人给澳门带来了大量的南欧式花园、庭院等景观；另一方面，由于华人一直是澳门的主体居民，数百年来澳门修建并保存了许多富含中国传统元素的建筑及景观。澳门的西式公园和中式园林沿着两条并行的道路各自独立发展的同时，又相互交流、相互渗透、相互影响。在多种文化的交流和碰撞中产生的澳门近代中式园林沿袭了中式传统的造园特色，又杂糅了葡式的建筑装饰风格。以融合江南和岭南园林风格、兼蓄中西方造园技艺的卢廉若公园为代表。

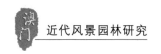

一 私家花园

澳门的中式私家花园多依附于华人富商的住宅而设。在一百多年前的清朝晚期，由于大陆的政治风潮的影响和澳门经济的发展，陆续有大批移民从大陆迁居澳门。不少大户人家在市中心商业较繁盛的地区修建了大屋，其中以具有中国传统建筑风格的郑家大屋建筑群为代表。同时，为满足居民寻求宁静幽美的休息场所和抒发文人情怀的需求，中式的私家花园应运而生。它们大都秉承了"前宅后园"的集居住、游玩为一体的中国古典园林模式，其中最负盛名的是华人巨贾卢华绍之子卢廉若督建的卢廉若花园，该园是昔日澳门三大名园之首。三大名园中的另外两园——唐家花园和张园已不复存在，只能从史料记载和建筑遗址中依稀分辨其曾经的面貌。以唐家花园为例，其原址位于美副将马路，由清末香港富商唐丽泉修建。唐家花园位于唐家大屋的后部，今日该园大部分已成为教会等的用地。其正门的一列房屋及其后的两层楼房，沿街立面檐口处的墙画、泥塑，以及趟栊门上的木雕被留存至今，一些残迹依稀可见。

（一）卢廉若公园

卢廉若公园是昔日澳门三大名园之一，又被称为"娱园""卢园""卢九花园""卢家花园"，位于澳门半岛的中部、东望洋山的北麓、罗利老马路与荷兰园马路的交界处，其现存面积约为 11870 平方米，是澳门唯一的具有中国传统园林风格的花园。园内景色如诗如画，展现了幽雅、秀丽、恬静的江南风光，参照江南园林苏州狮子林的格局，营造出一种小中见大的艺术效果。园内亭台楼阁、池塘桥榭、曲径回廊的分布错落有致，整座公园被评为澳门八景之一——"卢园探胜"。清末居澳诗人汪兆镛描写卢园的一首诗有云："竹石清幽曲径通，名园不数小玲珑。荷花风露梅花雪，浅醉时来一倚筇。"[①] 园中假山与苏州狮子林的规模相似。靠近九曲桥的假山旁有溪水缓缓泻下，景观引人入胜，有诗为证："漫步曲桥寻书稿，闲凭奇石听书声。"[②] 该园所处之地原为农田菜畦，后为富户卢华绍购得，并由其长子廉若在其上大兴土木、构筑园林。卢华绍在家中排行第九，该园"卢九花园"的名称由此而来。清末民初，孙中山先生为革命奔走时曾多次来到澳门，他曾在卢园受到了卢家的款待。[③]

1. 历史发展

卢廉若公园的园址原为龙田村的农田菜地，1870 年被富商卢华绍购入，并由其长子卢廉若聘请广东香山的刘光谦按苏州名园风格构筑园林。园林于 1904 年开始修建，在 1925 年正式建成。20 世纪 70 年代初期，由于卢家家道衰落，其宅地分散，主要部分被港澳名人何贤购得。1973 年卢家花园被澳葡政府购买，经修葺后从 1974 年 9 月 28 日起对公众开放，成为卢廉若公园。当年的卢园东起荷兰园大马路，南临罗利老马路，西邻贾伯乐提督街，北接柯高马路，占地广袤，其平面呈一个倒转的"凸"字。后由于种种变故，当年卢园的东南、东北、西南以及西边部分如今都变成民用大厦，北部的两层住宅现为培正中学的行政楼，仅有南部以公园的形式被保留，故现在的卢廉若公园并非卢家花园全貌，其实际面积不到当年卢家花园的四

---

① 章文钦：《民国时代的澳门诗词》，《文化杂志》2003 年第 3 期。
② 黄坤尧、邓景滨、陈业东：《镜海钩沉》，澳门近代文学学会，1997，第 131 页。
③ 唐思主编《澳门风物志》，澳门基金会，1998。

分之一。公园的设计者刘光谦工书擅画,曾游历大江南北,饱览画山秀水,他布置的池亭竹石十分清幽雅奇,具有山水画作的意境,卢廉若公园是他的代表作。

2. 空间布局

卢廉若公园从整体布局上看属于传统的自然山水园林,园林在划分上继承了中国古典造园"园中园"的手法,即整体可分为以春草堂为主的"水院"和东南向以养心堂与百步廊为主的"旱院"(见图4-33)。两个院落以花墙门洞作为分隔,布局比较明确。水院为公园的主体部分,水的面积约占总面积的两成,以园内最大的建筑物春草堂为主景,同时巧妙地结合了水池、曲桥、假山、亭台楼阁、瀑布等造园元素,并借助植物、假山和高低差来分隔空间,多种元素之间相互穿插、层次分明,游客沿小径迤逦而行,空间亦开亦合,步移景异。水院追求曲折自然的院落布局,园中的景物呈现出一种以水面为中心的向内聚合的布局

1草春堂水榭 2荷花池 3曲桥 4月形拱门

图4-33 卢廉若公园总平面

资料来源:作者自绘。

形态，如春草堂、碧香亭、人寿亭以及园中东北角"亦濠"壁画等都以水面为基本朝向，这也是中国古典园林造园中常常用到的以水为中心的"内向性"布局。旱院部分以百步廊为主，此回廊仿照北京颐和园的长廊而建，整座走廊外观采用红色柱廊和绿色琉璃瓦顶，平面呈"回"字形。旱院景观主要以观赏性盆景为主，故常被用作花卉盆景的展览之地。值得一提的是百步廊一侧筑有一面景墙，墙上有绿色琉璃瓦顶，中间造型奇特的镂空景窗由英石堆叠而成，透过景窗看到的景色如同一幅立体山水画，十分具有特色。

3. 造园手法

（1）小中见大。卢园的实际面积很小，但给人的感觉却很大，这主要是由于设计者利用迂回曲折的小径延长了园内的游览路线，让人产生了曲径通幽之感。"景贵乎深，不曲不深"讲的就是曲折而自由的布局手法。同时由于曲径使得人的视野方向不断改变，景物显得更加丰富多样，造园者因此实现了以有限的空间给人以无限之感。

（2）欲扬先抑。"抑之欲其奥，扬之欲其明"，造园先抑之以奥，再扬之以明，就能更好地突出之后所呈现的主体景观。如进入主门月洞门后，先是来到一条夹杂在高大浓密的竹丛中的曲折幽深的小径，穿过这条光线暗淡的小径，方可到达园内最大的水榭式建筑春草堂前，此时面前的广阔水面使人顿觉豁然开朗。

（3）线性序列。园中景致沿水池呈线性序列被串联在一起，并在构图中心春草堂形成高潮。园中景色的虚与实、藏与露、起与伏都在线性序列中不断变化。

4. 造园要素

任何一样事物都依靠一定的要素构成，卢廉若公园也不例外。总的说来它共由六大要素构成：叠山置石、理水、花木配置、建筑、匾额与楹联、绘画与雕塑。

（1）叠山置石。对山石的运用是中国园林中具有极大魅力的独特之处，中国园林少不了假山，山石堆砌作为分隔和组织园林空间的手段被广泛运用。卢廉若公园的叠山使用的是岭南地区的英石，在手法上主要模仿苏州园林的置石手法。如水池东北角的"玲珑山"高约8米，上有瀑布直流而下，山后有石阶供游人攀登（见图4-34）；而颇具气势的数峰矗立的"仙掌岩"又让人想起了著名的苏州园林——狮子林。令人遗憾的是，也许是受当时的运输条件限制，园中使用的石块较小，稍显零碎。此外，还有利用山石营造的花台、入口的月洞门两侧起强调和引导作用的石块、"亦濠"壁画下方水池内的英石微型假山群（见图4-35）、前面提到的百步廊一侧的英石镂空景墙，等等（见图4-36）。这些假山叠石烘托了整座园林的气氛，提高了园林的意境和品位。

图4-34 "玲珑山"石洞

资料来源：作者自摄。

图4-35 "亦濠"壁画下假山

资料来源：作者自摄。

图 4 - 36　英石镂空景墙

资料来源：作者自摄。

（2）理水。中国文人士大夫阶层对水有着特殊的感情，水被认为是高尚品格的象征，并且被看作中国园林的灵魂。卢廉若公园最大的水域即春草堂正前方水域，它位于园林的中心，水体形态曲折多变，水面开合变化，形成了不同水体的对比和交融。位于水面东北角转折处的造型别致的九曲桥，起到了分隔水面、增加景物层次感和进深感的作用，产生了"咫尺山林"的景观效果。除水形美之外，卢廉若公园里的理水也有动静之分。假山上人工瀑布奔流而下，西边溪流潺潺，水的动态之美加强了园林的生气，塑造出生动的园林环境。

（3）花木配置。卢园植物配置颇具匠心，园中处处绿荫，营造出鸟语花香、宁静清幽的环境。园内植物品种繁多，"四君子"梅、兰、竹、菊在园中均有种植。水池中的荷花更是远近闻名，圆圆的荷叶和横跨其上的弯曲的九曲桥相映成趣。夏日可在九曲桥上凭栏赏荷，并同时欣赏岸边湖柳依依之景，"莲青竹翠无由俗，柳色波光已斗妍"正是对这美景的描写。卢园的花木在种植手法上以孤植、散植、丛植或群落式种植为主，值得注意的是在局部还有个别整形绿篱或灌木球，这明显是受到西式造园艺术的影响。

（4）建筑。主体建筑春草堂是一座中西合璧式水榭，房屋的外墙采用了葡萄牙人喜爱的米黄色，并且使用了白色线条饰边，廊柱采用科林斯柱式和混合柱式，而濒临水塘的梯形平台上的座椅式栏栅则是中国人爱用的鲜艳的大红色，更奇特的是在屋顶平台上西洋宝瓶式围栏外围绕出一圈中式披檐（见图4-37）。整个建筑在构成元素上十分多元化：中式的绿色琉璃瓦和红色护栏，岭南风格的檐角，西式的弧形扇窗、百叶窗、柱式、宝瓶式围栏，等等，无处不在的中西方文化的交融呈现出了独特的建筑景观。位于园内东北面的碧香亭为卷棚歇山顶的四面亭，整体上它是一座中式亭阁，但是亭内的柱身和横梁

图4-37　主体建筑春草堂

资料来源：作者自摄。

却装饰有几何图案，运用了欧式的几何要素（见图 4 - 38）。此外，九曲桥的设计也非常独特，整个桥身为不规则的弧形弯曲，而非传统的直线曲折（见图 4 - 39）。

图 4 - 38　碧香亭

资料来源：作者自摄。

图 4 - 39　九曲桥

资料来源：作者自摄。

（5）匾额与楹联。园林中的匾额与楹联有着深厚的文化底蕴，以诗词楹联为切入点更可一见卢园之胜。结合诗句之美与自然之美符合中国的造园思想。[①] 如碧香亭的两副对联"如画风光饶雅兴""娱人景色此中寻"和"碧水丹山曲桥垂柳""香风醉月词馆诗人"，表达了园主的文人情怀；挹翠亭的对联"莲青竹翠无由俗，柳色波光已斗妍"和"纵横域外大瀛海，俯仰壶中小绿天"表达了对美好生活的祝愿；人寿亭的对联"奇石尽含千古秀""异花长占四时春"更是对园中林立的山石奇景起到了意境上的点题作用。[②]

（6）绘画与雕塑。在公园门口的地上有石砌的仙鹤图案，园门正、背两面则以灰塑进行装饰。正面的"屏山镜海"对应着门框内的山石花台与清秀的石笋，形成了框景；而背面的"心清闻妙香"与拱门周边种植的桂花、竹丛相呼应，在嗅觉与视觉上营造了一种意境。园中由李兆泉创作的浅浮雕复制品《后羿求仙丹》两侧有一副对联，上联描绘满园翠绿清新的景貌，下联是对当年园主鲤跃龙门的祝福。种种表达方式，无不体现了园主世俗而美好的愿望，同时也表现和传递了一种开放而兼容的文化特质和态度。[③]

5. 中式园林里的西方元素

在卢园中最能体现中西文化交融的当数园中的建筑，尤其是其主建筑春草堂，这在前文中已有论述。除此之外，一些细

---

① 关俊雄：《从诗词楹联看澳门卢园》，《广东园林》2012 年第 34 卷第 1 期，第 18 ~ 20 页。
② 陈婷：《澳门卢廉若公园的造园特色》，《现代园林》2009 年第 3 期，第 1~4 页。
③ 陈婷：《澳门卢廉若公园的造园特色》，《现代园林》2009 年第 3 期，第 1~4 页。

节方面也反映了中西文化交融的现象。例如公园入口处古色古香的"屏山镜楼"月洞门为典型的中式花墙拱门,带有岭南传统的灰塑装饰风格,而门洞前后的地面铺装则使用了两种风格截然不同的装饰图案,门洞前是传统碎石拼接的代表福寿的仙鹤图案,门洞后则是以黑、白、暗红色石子铺砌的具有明显葡式风格的几何抽象图案。此外,园中个别经过修剪的灌木球和整形树篱,也反映了西方规则式种植的影响。

(二) 郑家大屋后花园

相比卢廉若公园,郑家大屋后花园的造园手法就显得相对简单,其艺术成就也没那么突出。郑家大屋是澳门目前最古老的具有中式传统建筑风格的大型民居建筑群,是近代著名改革家、实业家、教育家、思想家、文学家郑观应的祖屋,已有一百三十多年的历史。郑家大屋位于亚婆井前地的龙头左巷,建于1881年,具有宏大的规模,其建筑平面布局以广东西关大屋为蓝本,体现了晚清的民居风格。现郑家大屋占地约4000平方米,纵深达120多米,主要由位于两座并列的四合院建筑之间、被内院连接在一起的仆人房区建筑以及大门建筑组成。院内建筑以中式坡屋顶和青砖灰瓦为特色,屋顶高度因房屋使用性质不同而有所区别,主体建筑多为两层。与传统中国民居不同,郑家大屋的建筑朝向并非正南正北,虽然进行了纵深布局,但设计者并没有采用中轴对称的布局方式,而是将两组建筑群错开布置,使主房区建筑群面向西北,与大屋入口方向不同。主房区主要由两座四合院式建筑构成,建筑都为三进深三开间式。建筑室内一般都采用了传统中式设计,为抬梁式结构。

建筑群的布局结合地形变化(见图4-40)分为大花园、

前院和内院天井三个大小不一的院落。大花园位于文昌厅正前方，其平面基本呈矩形，园内遍植花木，至今仍保留有芒果树、白兰树、杨桃树等古树。前院位于住宅西北方向，为正房前院，内有古井、古树、石制桌椅，其围墙为用瓦片规律排列而成的花朵形镂空墙面，整体十分简洁。内院天井是遍植草地的小小方形空间，其四周的建筑和装饰十分有特色，有拱券敞廊、月亮门、葡式百叶窗、葫芦形漏窗，等等。郑家大屋采用了中国传统的院落式建筑布局，但在装饰上却融合了中、葡两国的特点，既有岭南常见的灰塑艺术，又有西方特色的拱券、门楣装饰、檐口线脚等。在这里，两种拥有不同特色的装饰共冶一炉。

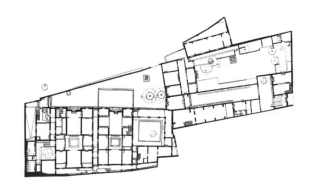

图 4－40　郑家大屋建筑群平面

资料来源：刘先觉、陈泽成：《澳门建筑文化遗产》，东南大学出版社，2005，第 182 页。

郑观应先生曾作七绝《题澳门新居》："群山环抱水朝宗，云影波光满目浓。楼阁新营临海镜，记曾梦里一相逢。三面云山一面楼，帆樯出没绕青洲，侬家正住莲花地，倒泻波光接斗牛。"诗中有附注："先荣禄公梦神人指一地曰：此处筑居室最吉，后至龙头井，适符梦中所见，因构新居。"① 从诗句中我们可以看出当时的郑家大屋是一处风景宜人的居所。

二　庙宇园林

在近代早期，尽管澳门经历了基督教文化的大规模洗礼，但是当地的华人一直秉持中国人普遍具有的传统观念。祭祖尊孔一直是社会各阶层共同尊崇的礼仪，这充分体现了对儒家文化忠孝观的传承。此外，澳门华人对澳葡政府历来具有的隔膜感，更增强了他们对中国传统文化的深层次的认同。因此在当地，以寺庙为代表的泛神信仰传统始终独立发展并成为澳门华人的普遍信仰状态。澳门的庙宇多建于明、清两代，这和明清政府的着意推广或多或少有所关联。明清政府以行政手段促使百姓崇拜有助于道德教化的神灵偶像，在民间推广儒、释、道，故澳门的庙宇大多数反映了融合儒、释、道三教于一体的民间信仰，如妈祖信仰、观音信仰等。这种民间信仰和崇拜体系的特征，也显示了澳门文化与中原文化、岭南文化的血脉关系。

澳门的庙宇体系保存完整，特点突出。以前有学者将澳门的寺庙建筑形式分为三类——殿堂式、园林式、单体式，并提出因为用地紧张，澳门的园林式庙宇并不多，目前只有妈阁庙、渔翁街天后古庙、氹仔菩提禅院。这类园林建筑的特色是因地制宜地布置、构筑殿宁。②

① 转引自刘羡冰《双语精英与文化交流》，澳门基金会，1994，第211页。
② 刘然玲：《文明的博弈：16至19世纪澳门文化长波段历史考察》，广东人民出版社，2008，第115页。

（一）妈阁庙

澳门妈阁庙有五百多年的历史，为三大禅院之首（其余两大禅院为普济禅院和莲峰庙），也是澳门最著名的庙宇之一。妈阁庙位于澳门南端的妈阁山西麓，是澳门最古老的寺庙。妈阁庙供奉的是护航海神妈祖，它在一定程度上是近代澳门居民聚居生活的标志和精神依托的象征。

图 4 – 41　妈阁庙入口

资料来源：作者自摄。

妈祖阁在布局上不同于一般寺院的统一对称形式，其建筑群分散布置，反映了因地制宜的靠山滨海格局。据悉，早期寺庙离海面很近。今天妈祖阁前面宽阔广场是近代填海的成果。广场上的葡式碎石铺装上有象征大海的波浪形图案，颇具葡萄牙风情。

妈祖阁入口处的建筑包括山门、牌坊和石亭，均用花岗石建造（见图 4 – 41）。庙前有一对雕工精美、形态逼真的镇门石狮。山门为典型的闽南建筑，其正脊端部起翘明显，色彩鲜艳。进入庙门即可看到牌坊和石亭，石亭左边为建筑群正觉禅林。主体建筑群由正殿、正觉禅林、弘仁殿、观音殿四组建筑物组成，各具特色的建筑物被石阶和曲径连在一起。建筑四周苍郁的古树、错杂的花木、纵横的岩石，把园林的幽雅和古庙的庄严巧妙地结合在一起，显得古朴典雅。正觉禅林主体建筑是抬梁式结构，其硬山屋顶和红色山墙体现了岭南建筑的风格。正殿入口不是在建筑正立面上开大门，而是因地制宜地开小门（见图4-42），对入口随意灵活的处理手法是园林建筑的一大特点。从正殿迂回而上便可到达弘仁殿。弘仁殿非常小，以山上岩石作后墙，再以花岗石作屋顶及两边墙身，屋顶上用绿色琉璃瓦和夸张的屋脊起翘作装饰。经弘仁殿往上，路过周围的摩崖石刻，便可到达位于最高处的观音殿。

　　整座寺院内岩石纵横、景色清幽，各景点由石阶和曲径相连，

图4-42　妈阁庙园内洞门

资料来源：作者自摄。

曲径两旁的岩石上是由历代名流政要或文人骚客题写的摩崖石刻，这些石刻更为这座古庙平添了几分雅趣。妈阁庙是澳门园林式庙宇的典型代表。

（二）渔翁街天后古庙

渔翁街天后古庙又名马交石天后古庙，它同样是以妈祖信仰为主的庙宇。这座小型庙宇始建于 1865 年，为澳门半岛唯一建在东面的临海庙宇，位于马交石小山丘上，庙前为渔翁街。后来在原有庙宇的基础上陆续加建了地母庙、观音阁、武侯祠、藏经阁、念佛堂、佛教图书馆等。今天的渔翁街天后古庙是由多座建筑组成的建筑群，庙中供奉了妈祖、观音、诸葛孔明等多位神灵。寺院的园林古木婆娑、清净超脱、人迹罕至。

（三）氹仔菩提禅院

氹仔菩提禅院又名菩提园，位于氹仔卢廉若马路。氹仔菩提禅院建于清光绪年间，是澳门地区主要的佛教圣地之一。在 19 世纪 70 年代院内仅有普明殿。经不断扩建，庙宇内又出现了大雄宝殿、六祖殿、普明殿、龙华堂等建筑。氹仔菩提禅院现已成为氹仔岛最大的庙宇。

氹仔菩提禅院依山势而建，其广阔的花园中花木婆娑，园中正中央的五层建筑物上有佛教领袖、诗人赵朴初所题的"菩提禅院"四个大字。与传统的庙宇建筑不同，该建筑的前三层为斋堂，四、五层是佛殿，去拜佛需乘电梯上五楼，这一点十分具有特色。建筑墙身为葡式建筑多用的淡绿色，屋顶为歇山式，建筑整体处处体现着中西文化交融的构成元素。主建筑物后面是侧殿大雄宝殿。后园中有鱼池、石雕观音、亭台楼阁、菜园、小桥回廊、对联雕塑等，它们营造出了浓厚的中式传统园林的情调。

第五章　澳门近代风景园林的特质分析

自澳门开埠以来不断有新的外来因素加入，这使澳门的地区文化掺入了周边地区的文化元素，表现出一种兼收并蓄的特征。独特的地域限定、固有的民风民俗，以及土生土长的文化熏陶，又使其呈现出强烈的地方特色。在园林艺术中，这种文化特征综合表现为造园手法的兼容性。在多重因素的综合作用下，澳门近代风景园林成为中国近代风景园林的重要组成部分。

第一节　澳门近代风景园林的空间营造

澳门的园林景观中东方与西方色彩共冶一炉，园内布局独具一格，给生活在这个人口稠密的城市中的居民提供了安静、令人心旷神怡的理想休憩场地。由于地方狭小，澳门无法再继续建设过去澳葡当局辟建的那种占地广、面积大的公园。又由于受干燥炎热的夏季气候的影响，尽管澳门近代建设的城市公园在风格上多属欧式，但它们同时又具有小巧精致、结构简单、

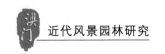

造园要素有限、围合空间感强的特点，往往自成一个个小巧、内向、清凉舒适的区域环境。

澳门近代风景园林的首要特征体现在多元文化的共存上。就其空间营造的特点而言，澳门近代风景园林主要分为欧式园林和中式园林两大体系。其中欧式园林，尤其是现阶段保存完好的城市公园，最能反映澳门城市近代造园的特色和文化内涵，是澳门园林系统的主体，在空间营造上深受葡萄牙园艺景观影响。中式园林以卢廉若公园为代表，其在构图手法和造园要素上表现出中国传统园林的处理方式，与欧式园林有本质上的不同。

陈从周先生曾经说过："造园一名构园，重在'构'字，含义至深。深在思致，妙在情趣，非仅土木绿化之事。"澳门近代园林是中国园林体系中的一支，它承传中国传统造园艺术，兼容岭南私家园林造园手法，通过运用地方材料和结构体系，以及巧妙利用天然地形，逐渐形成了自身的风格特色。这些特色在澳门的近代园林中得到了极好的继承并被延续下去。同时，澳门风景园林受西方城市建设思想的影响，表现出多元拼贴的文化特征。

一 布局及空间营造

（一）择址

澳门城市内部的结构秩序是以街道为脉络、以城市肌理中的广场和前地为"节点"而建立起来的。但要在城市中修建园林，选址极其重要。大致而言，澳门近代园林的选址可以分为以下两类。第一类，隶属于建筑的园林，其选址与直街走向相关。从澳门的历史地图中我们可以看出，澳门的空间结构具有葡萄牙城市空间结构的特点，即呈现出以一条直街为主的线性结构与不规则结构，以及由一连串画龙点睛的"前地"点缀其间，这种模式恰恰延续了葡萄牙中世纪至文艺复兴时期的筑城传统。如西望洋花园、民政总署大楼花园等隶属于建筑的花园，由于其主建筑沿直街的走向分布，花园也自然布置在直街两旁。但对园林而言，更为重要的还是景观资源的多少，因此第二类选址方式以景观资源为依据。大致上，澳门园林多修建在自然景观优美之处。比如白鸽巢公园位于凤凰山，每年春夏凤凰花在此怒放，吐艳争红。螺丝山公园位于螺丝山，昔日可由此眺望黑沙环海滩。加思栏花园位于加思栏山冈，从前可以从这里眺望南湾景色。它们都证明了澳门近代风景园林在选址上对于自然景观的观赏性的重视。

（二） 平面布局

澳门的大多数欧式花园都采用规则式布局，也有部分选择了混合式。规则式布局的花园又可分为轴线对称式和非对称式两种，其中又以轴线对称式较为典型，如华士古达嘉马花园、得胜花园、民政总署大楼花园、南湾总督府花园、氹仔市政公园等都属于这一类型。此类花园讲究主次有序、重点突出，由于花园面积较小，主景常布置于花园中心或中轴尽端，多为主题雕塑、小品、喷泉等，配景则多环绕主景或沿轴线两侧规则对称地成对或成组出现。非对称式规则花园主要是由各种几何图形以线性或拼贴的方式组合而成，如西望洋花园、各坟场园林等。西望洋花园建在西望洋山圣珊泽马路上的一块高地上，园内根据地势分为三层，该园的平面布局是以线性相交和自由排列的方式组合在一起的数个大小较为接近的圆形广场，花园的主景为一圆形小亭，被安置在靠近主入口处的圆形空间中，小亭与该空间呈同心圆（见图5-1）。此类花园在构图上往往没有明显的轴线或轴线的纵横交错，园中几何图形的组合也显得相对自由，但是仍然讲究形式上的整体美观，花园主景多设于几何形体的中心或重要的节点处。总之，规则式花园常被编织在条理清晰、结构严谨、秩序井然、主从分明的几何网格之中，带有古典主义园林的气质，体现出一种庄重典雅的艺术风格。依附于建筑或者在平地上起建的园林，大多采取轴线布局，呈线性展开，园林中有明显的布局轴线，表现出强烈的序列感。这类园林中最为典型的便是民政总署大楼花园。在布局上，民政总署大楼花园的空间布局简洁明朗、线条分明、讲究对称。此外，它运用色彩的明暗对比产生视觉冲击，花园中央的铺地图案为地球形状。而圣珊泽宫花园则于府邸前及两侧展开，其平面构图呈规则三角形，花园的尺度与圣珊泽宫十分协调。

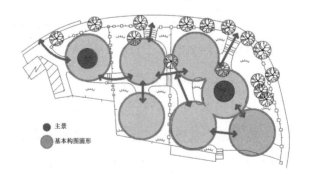

图5-1 西望洋山公园平面

资料来源：作者自绘。

　　而一些采用混合式布局的花园也十分重视对轴线或规则几何形的运用。如在白鸽巢公园入口处有一条明显的起导向作用的轴线，主景名为《拥抱》的雕塑就设在前院的中轴线上，沿轴线还铺设了十幅石拼画以增强其导向感，此处构图基本呈现一种规则对称式布局。而园林的后部则以自然式布局为主，其中几乎没有直线元素的存在，体现了一种既亲切宜人又精致的艺术风格，颇有传统自然山水式园林的味道。但在细节处理上，我们可以发现在白鸽巢公园中到处有整形树篱、几何造型灌木等人工美学。再如加思栏花园，其空间营造同样呈现出混合式布局的特色，由底层前广场的规则几何形构图逐渐向第三层的自由布局递变，而在第二、第三层的台地式公园的入口处，则是明显的对称式布局且隐含有轴线关系。

　　自然式布局主要体现在中式园林中，澳门的中式园林大多采取了自由布局的形式，其中卢廉若公园为中国古典园林传统自然式布局的典型代表。卢廉若公园采用了常在中国古典园林中出现的以水为中心的"向心性"布局，以曲线和有意识的不规则代替几何式的秩序乃其设计特点，扑朔迷离这一主旨在园中被发挥得淋漓尽致，蜿蜒曲折的游览路线产生了步移景异的艺术效果，在增强空间层次感的同时带给游人连绵和深远的情感体验。园中主径回环，支道纵横有如蛛网，路路相连，处处清幽。"水院"为公园的主体部分，以园内最大的建筑物春草堂为主景，同时巧妙结合水池、曲桥、假山、亭台楼阁、瀑布等造园要素，并借助植物、假山和高低差来分隔空间，景物之间的搭配显得十分具有层次感，亦开亦合的空间也令人产生步移景异之感。该公园的空间营造、造园手法和特质都在前文有详细的论述，在此不再重复。妈阁庙花木繁茂、环境清幽，寺院内石阶和曲径遍布，纵横的岩石上有文人雅士们题写的摩崖石刻，各建筑均气势雄壮，是澳门庙宇式园林的典型代表。氹仔菩提禅院依山势而建，具有浓厚的中式传统园林情调。

总而言之，通过对现存的诸多近代城市公园与花园进行实地调研，笔者发现澳门园林在整体上以规则式空间布局为主，自然式布局为辅，景物多依据轴线或构图的重点设置，构图多稳定均衡，尺度亲切宜人。尤其是西式公园，其空间布局大多是十分简明的经典中轴对称式。

（三）游览路线的设计

1. 曲折与藏露

澳门园林中位于旧时华人居住区的园林由于大多采取中式造园风格，修建在真山真水之中，因此其流线也较为曲折。这一特点的产生与地形有关，然而它更多地体现了勘察地形之后的巧妙设置。如卢廉若公园在空间划分上传承了中国古典造园的"园中园"手法，即整体可分为"水院"和"旱院"，两个院落以花墙门洞作为分隔，布局比较明确。

2. 高低与起伏

澳门的部分近代风景园林依山而建，因此贯穿全园的游览路线必然会有起伏。如在加思栏花园的布局中，苏雅士依据地势将花园分为三层，低部位于南湾街与家辣堂街之间，高部的两层通过层层石阶相连。昔日花园四周筑有围墙和栏杆，园内绿荫环绕并设有音乐台，游人身处其间不但可以闲谈、漫步、聚会、欣赏乐曲，还可观赏风景如画的南湾海景。一起一伏的动势不仅将花园的建筑地位强调出来，也增加了园林的趣味性。

花园中修建了上下几层观景台,让人可将南湾美景一览无余,也增加了园林的空间层次感和乐趣。

3. 流动与停顿

设计巧妙的澳门近代风景园林可以凭借各类符号控制游人的前进速度与他们的移动和停止。还是举卢廉若公园的例子,园中景致沿水池呈线性序列串联起来,在构图中心的春草堂到达高潮,园中景色的虚与实、藏与露、起与伏都在线性序列中不断变化。卢廉若公园的实际面积不大,但给人的感觉却很大,这主要由于设计者善于利用迂回曲折的游园路线,并在入口处左面布置了亭台休息,右边布置了石头假山,这使每一个游人都会在此停顿以整理思绪,然后再开始他们的体验之旅。停顿便意味着留有可令人思考的空间和时间。

二　植物造景

"园,所以种木也",园林不能没有树木。无论是寥寥数棵、还是成片成林,树木对于园林有着极其重要的意义。《园冶·题词》中也提出:"琪花瑶草,古木仙禽,供其点缀,使大地焕然改观。"可见园林中许多景观都与花草树木、佳禽珍兽有着千丝万缕的联系,花木池鱼为造园要素之一。澳门近代风景园林在植物配置上结合了规则式种植与自然式植物群落种植,其中西化的规则式种植更加常见,植物往往讲求形式美,以图案精致的整形花坛和模纹花坛为其一大特色。

(一) 植物材料

植物是造园的重要因素,是园林中能够直接传导地域特征的景观要素。由于澳门的夏季气候十分炎热,为给人带来清爽宁静的视觉感受，园林色彩不宜强烈，故园中主要种植常绿植物，花卉相对较少。澳门植物种类十分丰富，多为热带、亚热带的常见植物，与邻近华南地区的植物种类有极高的相似度。这一方面是因为澳门的植物区系为广东植物区系的一部分，另一方面是因为澳门的绿化树木多由华南地区供应。在澳门，往往历史越悠久的花园，其植物种类就越丰富，如卢廉若公园、加思栏花园、白鸽巢公园等。其中白鸽巢公园是澳门目前古树品种和数量最多的公园，而卢廉若公园也有接近 150 种植物。

在澳门近代风景公园中，使用最多的植物是朱槿、散尾葵、细叶榕、金叶假连翘、蒲葵，超过一半的公园都有这些植物。朱槿因为花大色艳、四季有花、适应性强，在澳门近代园林中被广泛种植。

（二）植物造型

从植物造型来看，澳门的植物修剪和人工塑形相比葡萄牙园艺要简单得多，尽管如此，西式植物造型艺术还是几乎在每个城市公园中都可以见到。有的公园是将规则的几何形种植坛简单地根据整体布局排列在一起；有的公园受到欧洲巴洛克艺术的影响，其种植坛呈现出回环的曲线状，植物也被修剪成各种球形或其他动物造型。这些整形绿篱有时还会与各色植物花卉一起组成各式曲线和抽象的几何图案，呈现出一种整齐有序的植物景观。如白鸽巢公园中有许多圆形树篱和曲线树篱与蘑菇形或球形的矮灌木搭配在一起，氹仔市政公园有飘带状的彩色模纹花坛，华士古达嘉马花园有抽象几何图案的整形灌木（见图 5-2）。不仅在欧式花园中有这种经过人工修剪的植物景观，在中式园林中也能发现一些植物被修剪、规整的痕迹。

图 5 – 2　华士古达嘉马花园中

的整形灌木

资料来源：作者自摄。

自然式植物群落种植在澳门也非常普遍，常见的情况是将规则式与自然式两种种植手法混合使用。通过调研我们可以看到，进行规则式整形修剪的植物主要为矮层灌木，形状也多为球形、块状或条带状，这些几何图形经过组合排列又形成了多种多样的图案纹样。而中高层的乔灌木则很少做几何形修剪，大都保持着自然舒展的形态。一方面从气候角度考虑，茂密的乔木能形成树荫，在炎热的夏季可以给人们提供一片凉爽宁静的天地；另一方面从人的视觉角度来考虑，有美丽图案的整形绿篱或模纹花坛位于人们的视平线以下，便于被观赏，而高层乔木的自然形态也有利于柔化因规则式线条而产生的强硬感。此外，盆栽在大多数园林中都有运用，一般是作为装饰材料被使用，它们被摆放在花园的角隅或者园中路径两旁，与富有装饰性的陶盆一同起到点缀园景的作用。

（三）植物配置

从空间来看，澳门园林植物配置的空间形态主要为开敞的格局，视线阻隔较少。在澳门近代花园中，无论是采用规则式种植还是自然式植物群落种植，植物在空间的竖向分布上常表现出这样一种特点：在面积相对较小的园林中，底层灌木和草坪覆盖较广，而处于中层位置的植物很少，在上层高大乔木则疏密有致地错落排布。究其原因主要有两点：一方面受葡萄牙造园风格几何式种植影响而形成的这种规则式种植比较有利于形成明快开朗的空间感；另一方面澳门用地紧张，城市密度大的地理条件限制使很多花园的面积较小，而封闭的空间会让场地显得更为狭小局促，因此视野开阔、空间开敞的格局显得尤为重要。

加思栏花园、白鸽巢公园、二龙喉公园、西望洋花园带有欧陆风格，这些公园的植物造景都以自然式为主，园中植物景观的轮廓线变化有致，古树分布于公园各处并成为主景，吸引市民在浓荫下聚集乘凉。

卢廉若公园的造景手法模仿了中国古典私家园林的造园手法。由于苏州和澳门气候不同，苏州常用的梅、兰等植物在澳门却难以存活，所以卢廉若公园种植的多是一些本土植物，如木棉、鸡蛋花、夹竹桃、莲花、凤凰木等。另外，卢廉若公园是澳门赏莲的胜地，早在清末，汪兆镛的《澳门杂诗》已对园中的莲花大为咏赞。

三　山石要素

山石要素对于园林有着极其特殊和重要的意义。童寯先生在《江南园林志》中曾提出：

> 造园要素，一为花木池鱼；二为屋宇；三为叠石。花木池鱼，自然者也。屋宇，人为者也。一属活动，一有规律。调剂于二者之间，则为叠石。石虽固定而具自然之形，虽天生而赖堆砌之巧，盖半天然、半人工之物也。吾国园林，无论大小，几莫不有石。[①]

山石要素在园林中有多种多样的表现方式。

（一）山景

澳门近代园林的地貌大多比较平缓，而依山而建的园林则将山形山势自然巧妙地运用于园林的设计当中。如林木郁葱的白鸽巢公园拥有高下参差的山地地貌，不用像其他一些公园那样需要刻意堆石叠山以营造山野环境，公园本身就有凸有凹、有曲有深、有峻而悬、有平而坦，自成天然之趣，不烦人事之工。又如妈阁庙在布局上不同于一般寺院的统一对称，寺院中的建筑群分散布置，寺庙整体为因地制宜的靠山滨海格局。

---

① 童寯：《江南园林志》，中国建筑工业出版社，1984，第9页。

（二）石作

石作是澳门花园里重要的造园要素之一。在欧式花园中，不光植物要"建筑化"，所有的花坛、园路、水池、喷泉等都要依轴线而定，园林艺术实际上成了建筑艺术的直接延伸。这些园林小品除了雕塑、水池外，还包括台阶、平台、挡土墙、花盆、栏杆、廊或亭子等，它们被统称为石作。在中式园林里石作的概念与西方大体相同，差别在于风格及形式。在西式花园中出现的许多西洋石作，其内容是中国传统园林中没有的，如卷曲的山花、壁柱、壁龛等。中式园林中常以匾额、楹联作为点缀与装饰，而西方的点缀则多以雕塑来替代。此外，在澳门花园中还存在一种独特的具有地域性特征的构筑物——瞭望台，瞭望台在许多公园都有出现。总的来说，澳门园林中的石作在功能上大体可以分为三类。

第一类是园中的构筑物，如台地、台阶、铺地、园门、围墙、栏杆等，它们构成花园的基本地形或围护设施。由于澳门多山地丘陵，很多城市花园是建在坡地上的，它们往往因此被做分层处理，华丽的台阶和护栏自然成为园中十分重要的一种石作。而最常见的护栏样式为西式的宝瓶栏杆（见图 5－3），其在大部分澳门城市花园中均有使用。这种栏杆对澳门的影响不仅体现在园林中，19 世纪中葡民间交流增多后，大量中式住宅也使用了宝瓶栏杆。此外，园林中还有许多其他的护栏形式，既有仿西方古典样式的，又有许多别致新颖的造型，如氹仔市政公园中通往高台的台阶护栏上由圆形与三角形的交替组合构成的栏杆和水滴状花槽的护栏，其造型就颇具特色。中式园林妈阁庙的外围栏杆也十分具有代表性：方形的望柱，刻有花纹图案的地伏，采用高浮雕手法装饰且雕刻有八仙人物、八宝、花鸟、动物等内容的栏板（每块栏板的图案均不相同，在保持一致性的同时又有所变化）。在卢廉若公园里汇集了澳门各种中式和西式的栏杆，有前面提到的宝瓶式栏杆，也有各种中式园林常见的镂空梅花形栏杆，或者红色的传统"美人靠"栏杆。在铺地的处理上，澳门近代园林中常见的有葡式传统石子路（如加思栏花园），也有砖砌工艺的铺地、不规则碎石铺路等，无论哪种形式，人们都通过铺设各种类型的图案来提高地面的艺术价值，有的图案犹如一张美丽的地毯，给公园带来勃勃生机。

图 5 - 3 加思栏花园宝瓶式栏杆

资料来源：作者自摄。

第二类是起点景作用的小品，如雕塑、壁龛、石柱、柱廊、水池等，它们构成花园局部的中心景物。雕塑是西方园艺中常用的点睛之笔，就如同中式园林中造型奇异的假山一样，其地位十分突出。澳门的欧式公园继承了西方园艺对雕塑的重视与运用，并呈现出多种形式。澳门园林中的雕塑以人物雕像为主，如葡萄牙历史上的著名人物卡蒙斯、达·伽马、狄若翰等的雕像，或是为拟人化的神像，如丘比特、圣母等的雕像。这点与欧洲园林艺术相似：一方面西方自古希腊以来就有着崇尚人体美的艺术传统，另一方面借助神像和神话传说可以表达人类对超自然神力的渴望，因此人始终是雕塑传递的主题思想。除人像之外，有些雕塑是为纪念某一历史事件或为表达某种象征意义而建的，如得胜公园的纪念碑、白鸽巢公园的《拥抱》雕塑等。一般澳门园林中的雕塑，或被置于小广场中央作为景观构图中心，或被放在喷泉水池之中，或被呈组地对称放在园中两侧。

第三类是游乐性建筑物，如花架、园亭、瞭望台等。在澳门的西式花园中，花架或园亭在造型处理或装饰上相比西欧公园总体比较简单，有些也进行了大胆的改良设计。如白鸽巢公园内，常见的绿色钢制葡式小亭造型轻盈简洁（见图5-4）。再如氹仔市政公园的圆形花架廊，其从柱子到梁架的

图5-4　绿色钢制葡式小亭

资料来源：作者自摄。

造型都十分简洁，但是内圈的四根柱子连接着一个十字花瓣形的水池，四面的入口又布置了具有装饰性的红色带状小拱桥。而一些中式园林的亭子在局部同样运用了西方元素，如卢廉若公园的碧香亭在亭子梁柱装饰上采用了欧式的几何图案。

四　水景

在澳门风景园林中，水是独立的造园要素。不同形式的水景是园林中不可或缺的部分，有白鸽巢公园中出自岩隙的清泉、卢廉若公园直泻而下的瀑布和急湍奔突的溪流、华士古达嘉马花园和氹仔市政公园规则的水池喷泉、民政总署大楼花园潺潺的壁泉等，各种亦动亦静的水体，再现了水在自然界的多种形态，使花园富有动感。这些形形色色的水景有中式的自然水态，也有西式的理水艺术，充分体现了中西文化交融的特点。

（一）喷泉

澳门欧式花园还有一大特点，即把各式各样的喷泉、壁泉同雕像结合，或者跟大石盘结合，这种雕塑喷泉带有意大利巴洛克式园林喷泉的特点，不仅强调水景与背景的明暗色彩对比，而且注重水的光影和音效，令人耳目一新。如民政总署大楼花园位于石阶的终端，正对花园入口的墙上有两个人像石刻，清泉从人像的口中潺潺而下。又如加思栏花园中设置的来自法国的和丽女神喷泉，它是澳门地区第一座饮用水喷泉，为优雅的加思栏花园平添了几分欧陆色彩。

（二）瀑布

瀑布在澳门风景园林中也是常见的布置元素之一。如南湾总督府花园小径两旁满布喷泉，花园尽头布置有一处小型景观瀑布，石缝间流水淙淙，旁边是供人休息的景观廊道，廊道上长满了各式各样奇花异草，充分表现出传统葡式花园的特色。卢廉若公园里的水景多以大面积的静态水出现，水面有聚有分，聚分得体。同时水的设计与周围假山相映成趣，"水随山转，山因水活"，着重体现自然化的意境美。在卢园西部还蜿蜒着一条清浅的山溪，潺潺流水终年不绝。水池东北角的"玲珑山"高约 8 米，上有瀑布直流而下，它与远处从玲珑山间跌落的瀑布共同增加了水景的"动"趣。而在白鸽巢公园的北部，则有由两组天然重叠的岩石设计而成的人工瀑布。

（三）几何形水池

澳门近代园林中常见的还有几何形的水池。水池的几何图案可丰富空间，池中可以种荷养鱼。这种水面多以静态水出现，静态的水池在欧式花园里呈整形，一般有方形、矩形、圆形、椭圆形等，多位于庭院中心或正对主体建筑的入口。由于澳门多见面积较狭窄的庭园空间，庭园多体现出西式风格，在房前布置一个几何形水池并设置喷泉的情况十分常见。如东方基金会花园的水池呈规则的圆形，在正对建筑入口的西班牙式大台阶处伸出一半圆的平台，让人可在一片绿林中呼吸湿润的空气。考虑到后高前低的地势，南湾总督府花园平面正中布置有花架，花架两旁对称布置了水池和草地以增加纵深感。

五　色彩与装饰

澳门园林不仅在大局上苦心经营，在细节上也同样严谨。不同于北方皇家园林的雕梁画栋，澳门园林更多地受岭南地区园林风格的影响，因此在色彩上大多比较艳丽。说到色彩首先便是花木、动物的色彩。澳门园林中最多的就是绿色，松柏的绿、青竹的绿、芭蕉的绿……可以说，绿色是澳门园林的背景色彩，澳门园林的营造，便是在这张绿色幕布上涂抹作画的过程。加上荷花的粉嫩、山茶的绚丽、秋桂的金黄、梅花的雪白、白鹭的洁白、鱼群的缤纷……游人可以在澳门园林里发现任何一种他希望看到的色彩。

由于澳门特殊的历史文化背景，中西方建筑风格在此地进行了碰撞与交流，因此澳门城市建筑既沿袭了葡萄牙的地域特色，同时又反映了中国南方建筑的特征，而其城市色彩则适应了澳门的城市环境空间和气候特点。我们从钱纳利的画中可以看到澳门历史建筑的色调：红色的瓦顶配以白色墙身的欧式楼宇布满整个南湾海岸，还有绿色墙身配以白色线条的建筑坐落在泥黄色的土街边。在澳门，欧式建筑和欧式花园的色彩比较明快鲜亮，多以白色饰边，具有强烈的雕塑感，和蓝天碧水相协调，和周围环境十分和谐。庙宇则多为绿色琉璃瓦盖顶，配以红、青、蓝、白色等瓷制屋脊，其墙身有时甚至以红色为主调，再配以白色点缀，这种红墙绿瓦的建筑物在城市边缘的建筑中十分常见。

六　建筑

建筑是城市文化的载体，多种文化的交汇交融赋予了澳门独特的建筑特色。澳门的城市建筑风格呈现出多元化的局面，这种个性也自然地影响了澳门城市花园中的建筑及其装饰元素。澳门可以说是近代建筑的博物馆，这里的建筑形式丰富多彩，类型多种多样。历史上葡萄牙建筑风格是在基督教文化和伊斯兰文化等的多重影响下形成的。自 11 世纪末至 20 世纪初,葡萄牙先后盛行罗马风格、哥特风格、意大利古典主义风格、巴洛克风格、新古典主义风格以及现代主义风格等建筑风格,并且发展出了带有葡萄牙本土特色的曼努埃尔风格、"素淡风格"等。多种建筑文化的融合成为葡萄牙建筑最显著的特征,这种特征伴随葡萄牙的殖民入侵传到了澳门,在过去数百年间,澳门建筑风格的演变与葡萄牙本土建筑风格的演变几乎是同步的。现在的澳门建筑有传统欧式风格、葡萄牙殖民式风格、摩尔风格的特点,当然也少不了传统中式闽粤建筑风格的特质,但是这些风格往往不是单一出现的,在同一建筑中属于不同风格的元素往往和谐共存,这可以算作澳门建筑多元融合的又一个表现。在澳门园林中建造屋宇楼阁时,如何使建筑物与自然环境融合在一起是设计者需要考虑的非常重要的问题。

(一) 中西混合式

中西混合式是较为普遍的一种园林建筑模式。在花园内,同一座建筑也往往呈现出多种风格混合的形态。如加思栏花园中的八角亭,其建筑面积仅有 20 平方米左右,但却很有特色。它在平面上呈简单的八角形,使用了中式双层重檐屋顶、绿色琉璃瓦面、红色窗棂,但是其门窗却使用了西式拱券式样,加上券心石和壁柱等西式元素,反映出中西不同建筑风格在澳门的交汇。加思栏花园中还有一处纪念塔楼,其整体为圆柱形,主体色彩为葡萄牙建筑常用的粉红色,门窗使用了哥特式的尖拱券,还使用了罗马风的半圆拱,而其扭转造型的圆柱、雕饰精细又繁复的窗框、船舵纹样的雕饰又明显带有来自葡萄牙本土的曼努埃尔风格。

而卢廉若花园更是糅合中西风格的园林建筑的"展览馆"。这个花园里的建筑元素十分丰富，有巴洛克特色的建筑墙壁、西方古典式柱子、拱形门窗、葡萄牙风格的百叶窗、浅浮雕装饰的雕花图案、几何装饰纹样、宝瓶栏杆、铁艺栏杆等，同时这里又有中式的飞檐、灰塑、回纹栏杆等。花园中的建筑构造采用了抬梁式木构架，屋脊大多高起透空，门头用泥塑、陶塑或砖雕装饰，建筑物的色彩比较鲜艳。

（二）传统中式风格

这种建筑风格多出现在一些中式庙宇园林中。如妈阁庙中的正觉禅林为传统的岭南风格建筑，这主要表现为其正殿入口没有开在建筑正立面上，而是随意地开了个小门，显得十分灵活。妈阁庙正殿的立面为牌楼的形式，看上去高低错落，色彩鲜艳夺目。从正殿迂回而上，便可见到弘仁殿，此建筑非常小，屋顶以绿色琉璃瓦及夸张的屋脊起翘做装饰。此外，依山势而建的氹仔菩提禅院，其大雄宝殿、六祖殿、普明殿、龙华堂等都是传统中式风格的建筑。

总而言之，澳门园林中的建筑及小品体现了多种艺术风格混合交融的特色。除此之外，在众多具有欧陆风情的园林中，建筑物往往体量较小并十分精巧，失去了掌控园林全局的重要功能，在布局中常常只是统率草坪的主角，甚至很多在公园中已经不存在了。

七　精神与气质

从桑林囿园到文人园林、皇家园林，人的精神活动一直影响着园林的发展进程，不断变化的文化思想和审美意趣一直影响着园林创作的法则。从澳门的独特地域文化中成长起来的澳门园林，必然带着澳门独有的烙印。

（一）道法自然

澳门最原始的民间传统信仰应该主要是对海神的崇拜，同时澳门也有道教的神仙崇拜。道教产生于东汉末年，即公元 2 世纪末，并在 3 世纪传入广东番禺。香山东南地区在公元 3 世纪仍属番禺，道教作为一个源自民间的宗教，在这个时期传至香山地区，是毫不令人觉得奇怪的。道家的精神对澳门文化产生的巨大影响，体现在园林当中，便是对自然的尊崇。这一点在澳门近代园林中随处可见。大部分澳门园林追求内心的充实与丰富，向大自然敞开着，这虽然有地理、交通等方面的原因，也反映了其深得道家文化"人法地，地法天，天法道，道法自然"的精髓。

澳门的近代园林继承了先人对大自然巧妙利用的能力，园林设计者将园林和天地万物有机地融合起来，不是为追求效果而违背自然规律、刻意而为，而是有则用之、无则放之。比如在庭园理水方面，澳门近代园林有水则用，或借或引，很少刻意掘土蓄水，挖出大面积的水池。在园林布局上，近代风景园林的设计者也不会为追求宏伟的气势而强行修建整齐划一的院落，而是借助于地形巧妙布置，轴线不直也不要紧，只要"自然"便好。

（二）政治性和纪念性

受其所处的特殊历史时期的影响，澳门近代园林在文化品质等方面发生了极大的变化，在保留了原有传统特色的基础上，又生长出了新的枝芽。新变化之一就是澳门出现了一些具有纪念性和政治性意义的花园。如建于 19 世纪的华士古达嘉马花园是为了纪念葡萄牙航海家达·伽马率领的舰队抵达印度四百周年而建，园内有一个用砖砌成的盾形徽号，徽号内容包括澳门特区的区徽、澳门保安部队事务局的中文字样及其葡文简称"DSFSM"。加思栏花园中建有纪念在第一次世界大战中阵亡的驻澳葡军的圆柱形建筑物。民政总署大楼花园内设有象征葡人遍布世界的标志。

第二节　澳门近代园林文化的兼容并蓄

一　"多元一体"的文化格局

澳门的城市花园通过艺术和美学的方式来处理人与环境之间的关系。它们是城市中重要的公共绿色空间，也是满足城市居民休憩娱乐需要的活动场所；是物质性的实体存在，也是文化的重要载体。多种园林文化共处一隅，在相互比较中表现出很大差异性；就文化整体而言它们则表现出很大包容性。澳门近代风景园林带有典型的"亦中亦西"的两栖文化特质，具有丰富的文化内涵，其总体上既包含了西方的文化品位，又有浓郁的中华文化尤其是岭南文化特色。因此，澳门城市花园具有中西合璧的文化底蕴，体现了包容性和开放性。

在澳门文化的发展过程中，葡萄牙文化之所以能在澳门立足，主要是因为中国岭南海洋文化和葡萄牙航海文化的相互呼应，以及澳葡政府采取的与中华文化和平共处的"文化适应"政策。所以，在考察澳门的近代园林文化模式时，我们不能不注意到，澳门的中西文化基本处于一种对话和共处的态势，而非一种冲突的态势。澳门华人社会秉承了岭南民族的淳朴、善良、中庸平和，并兼有移民社会的开放、宽容特性。

如果借用社会学的理论，这就是"多元一体"格局的发展演变过程。在澳门园林文化中，这种格局同样也是存在的。社会学家费孝通在论及民族关系时，曾用"各美其美，美人之美，美美与共，天下大同"这十六个字来形容中国古代的理想社会"天下大同"的发展过程。近代澳门不同园林文化和平共处、各行其是的"平行"发展态势，可以称得上是一种"各美其美""美美与共"的"多元一体"的社会文化现象。

二 开放复合的功能形式

澳门的城市节点以花园和前地作为其主要物质形态，在市民生活中起着至关重要的作用。澳门的公园景色优美，内涵丰富。分布在半岛各处的公园，如曾经坐落在海边的加思栏花园，葡萄牙伟大诗人卡蒙斯在流放中曾居住过的白鸽巢公园，为纪念葡萄牙航海家达·伽马而修建的华士古达嘉马花园，以及具有浓郁中式传统风格的卢廉若公园等，不仅是澳门居民的日常休憩场所，同时还是澳门历史的见证者。而路环的山顶公园、黑沙公园则保持了原始、自然的风貌。这样，从青洲到望厦、松山、白鸽巢，一直到氹仔和路环，澳门的公园形成了一条空中绿色走廊。[①]

---

① 〔葡〕弗朗西斯柯·卡代拉·卡勃兰、〔英〕谢铃：《葡萄牙园艺景观和艺术》，梁家泰摄影，澳门基金会，1999，第50页。

　　澳门城市广场主要分布在教堂附近和旧日私宅所在街巷的节点处。现代的城市广场主要修建在新口岸一带。半岛各山如望厦山、螺丝山结合原有山体布置成具有休憩功能的开放式公园。冰仔和路环也是如此。分布在教堂附近的前地、广场和教堂结合在一起，成为市民集会和驻留的场所。19 世纪后半叶，一些有名望的家族在当时的城市郊区建造私宅，并紧邻建筑设置了别墅式园林。随着城市的扩建，有的花园已经消失，偶有保留下来的则被政府收购并改建为公共园林。位于旧城区以及半岛的前地和花园面积很小，但它们的布置很精致，绿化整洁优美，且都可供市民停车、休憩、开展交流活动。这些小巧的绿化园地同时也是市民锻炼身体的去处。

　　这些城市花园不仅具有开敞空间的视觉效果，而且有小范围地改善城市气候的作用。澳门城市公园绿地与广场相结合，创造出了宜人的城市环境。这些自然景观既是城市的绿肺，又构成了市民生活的一部分，它们共同塑造了澳门的城市个性，为市民的社会交往活动提供了空间。

　　澳门的欧式公园都是由葡萄牙人一手规划、设计和管理的，注重人的功能需求。与中国传统的文人园林私有化的内向单一功能不同，这些公园从一开始就呈开放式状态，倡导人人可以参与、共享的公众平等意识。包容性和开放性使得澳门的公园在功能形式上趋于开放复合。许多公园成为具有特殊功能的主题公园，如作为儿童交通安全教育公园的烧灰炉公园、作为动物园花园的二龙喉公园等。除主题公园外，单一公园的内部功能划分也呈现出多样化的趋势，大部分的城市公园辟有供市民散步、健身、进行球类运动，以及可供儿童游戏的场地。这些

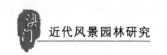

主题明确的公园类型和鲜明的功能分区是欧式公园设计的主要特征之一。

虽然多数公园规模较小，但园中的基本设施建设却十分完备，有桌椅等供人们休息纳凉的休息设施，有球场、按摩健康径、儿童游乐场等游乐设施，还有垃圾桶、洗手间等环境卫生设施。有的公园还具备教育功能，如白鸽巢公园内附设有黄均营图书馆，加思栏花园内有八角亭图书馆等。还有一些公园会定期举行展览，如花卉展、环保知识展，让参与的居民通过展览活动认识到保护环境的重要性。这些功能的特殊性在一定程度上也反映了澳门公园的特质，折射出实现工业化后人们对新型娱乐休闲空间的追寻。

三 对杂糅布局的文化解读

澳门近代风景园林在布局上很大程度地呈现出杂贴拼糅的风格，即在构图上并没有遵循明显的样式或章法，在多元文化影响下将自然式布局与规则式布局结合在一起，试图缓解规则式布局和自然式布局之间的矛盾，这体现出尝试协调彼此冲突、将两者合二为一的设计思路。这种风格在加思栏花园、白鸽巢公园、二龙喉公园中表现得尤为明显。这种布局风格产生的内在根源是地理条件、社会制度的限制，同时它也是东、西方两种园林艺术碰撞与融合的外在表现。

东西方园林各有着几千年的发展历史。自然与人工的关系是贯穿整个园林景观发展史的对立统一体。是"以人为本"还是"以自然为本"，是改造自然还是顺应自然，不同的选择实际上反映了东西方的园林设计者对自然的不同认识与理解。在不同的美学思想下，东西方园林具有不同的表现形式。西方人的美学思想试图用程式和规范来确定美的标准与尺度，它往往追求用数学方式表达最美的比例和线形。而中国园林深受绘画、诗歌等的影响，传统的山水画尤其被认为指导了造园活动。中国的造园艺术追求建筑的自然化，崇尚自然天成，注重情感体验。由于澳门园林文化受多种元素的影响，澳门的欧式花园里多多少少有着中式传统园林布局的影子。规则中夹杂自然式布局，而在自然式布局中往往又带有几何元素——澳门的近代园林已演变出规则式花园与自然式园林相结合的折中主义风格。如白鸽巢公园在其西向的入口空间中采用了较严格的规则式对称格局，布置有组合花坛、中心雕塑、线性的石拼画，并以东西向的主干道为主要轴线，这表现出欧式园林整齐开阔的轴线式统率；公园东部则以自然式园林布局为主，并融合了多样化的造园元素，有源于东方的蜿蜒小径、古典石亭，也有西式的缓坡草坪、修剪绿篱，还有具有澳门本土文化风格的瞭望台、具有葡萄牙特色的绿色钢制凉亭等，它们使园林的风格颇为混杂。这种规则式与自然式园林布局手法融合交织，在结合本土地域特色的同时使中西建筑手法融为一体。

四　殖民权力视角下的公共空间

鸦片战争后，葡萄牙在控制澳门的政治、文化、经济的主动脉的同时，也深刻地影响了澳门在这一时期的造园活动。这一阶段是澳门城市绿化环境大为改观的时期，澳门城市公园从筹款、设计到开放、管理的过程大都由澳葡政府全权负责。1864 年 12 月 31 日政府制订的改善计划指出，要在当时荒芜的本地区实施系统绿化政策，建造花园和恢复原有的花园。① 1933年澳葡政府成立澳门农业厅，担负起"保护和改善现有的树木和公园"的任务。政府一系列的努力大大地提高了澳门城市的绿化覆盖率，为现在澳门优美的城市环境打下了基础。

著名社会学家福柯指出："空间是任何权力运作的基础。"有学者将殖民者在公园等公共空间进行的物质层面建设称为"空间殖民主义"。空间殖民主义是殖民权力奴役他国的文化表现，其媒介是人们赖以生存的空间环境，主要特征是"在他人之乡，按自己的生活习性、文化偏爱去构造一个为自己所喜闻乐见的空间环境，以殖民空间移植来满足并宣扬自己的生活方式，去表现自己的文化优越感，无视他人、他乡的社会及生态环境，从视觉到物质感受上嘲弄地方文化，奴化他国民众的心身"。② 就澳门城市公园本身而言，其所传达的政治文化内涵对本土居民具有非常重要的涵化作用，而纪念性公园或纪念性雕塑尤其具有教育意义。因此，在控制澳门以后，葡萄牙殖民权力以公共空间作为其权力控制的对象，按照其本国的审美情趣、欣赏习惯筹划城市公共空间，建立起一座座带有葡萄牙文艺风格的公园，使殖民权力从精神层面渗透到了澳门华人的日常生活之中。这种文化殖民比政治、经济殖民更具隐蔽性，对人们的心态会产生更为深刻的影响。

此处我们不讨论城市公园和广场的建设是如何体现在物质层面上的，我们要分析的是当时有关城市建设的条例法典如何

---

① 〔葡〕阿丰索：《澳门的绿色革命（19世纪80年代）》，《文化杂志》1998年第36、37期。

② 吴家骅：《论"空间殖民主义"》，《建筑学报》1995年第1期。

在殖民权力控制下被强制贯彻。在《澳门及帝汶省工务司 1882 年年度报告》中，我们可以看到这样一段话：

> 在二龙喉山上种植树籽白白浪费了钱财，因为山上有华人的坟场。他们认为松树的根会打搅他们已仙逝的先人的安宁，于是千方百计破坏埋下的种籽。

澳葡当局进行城市建设时没有考虑华人祭祀祖先的传统习俗，这反映了殖民压制的意识形态。负责绿化和公园修建的葡萄牙农业专家在《澳门植树造林之报告》中写道："为把这块殖民地变成中国南部的辛特拉而作出我的贡献。"

葡人的城市绿化项目与公共空间建造项目是在殖民权力的心理导向下进行的，他们认为：

> 一位葡萄牙人即使在访问了英国人和法国人用黄金建造了一流设施的亚丁、科伦坡、新加坡、西贡和香港后来到澳门，也会感到由衷的高兴。这里没有任何令我们有理由蒙羞的地方。[1]

澳葡政府通过在公园中建造代表葡萄牙文化意象、象征葡萄牙国家权力的构筑物，更直接地传达了其对于公共空间的控制。澳门许多近代公园里都设有象征葡萄牙民族精神和文化精神的卡蒙斯塑像，用以歌颂葡萄牙人的聪明才智和勇敢坚韧，

---

① Carlos José Caldeira, *Macau em 1850*（Lisboa：Quetzal Editores），1997，pp. 64 – 65.

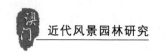

如白鸽巢公园、民政总署大楼花园内设有诗人卡蒙斯的半身塑像，氹仔市政公园内设有卡蒙斯的全身塑像。在歌颂葡萄牙航海文化的华士古达嘉马花园内建有葡萄牙航海家达·伽马的半身铜像，以纪念其率领的舰队抵达印度四百周年。加思栏花园中建有欧战纪念馆，用以纪念在第一次世界大战中阵亡的葡军。这些纪念性雕塑反映了葡萄牙殖民主义在城市公共空间中的渗透。

葡萄牙人已经在澳门聚居了四百多年，其间东西方文化经历了从最初的大规模碰撞、冲突，到逐渐交融、缓慢演进、不断"调试"的过程。相比中国其他受殖民主义影响的城市或租界而言，长时间的调试和磨合使澳门的殖民主义与民族主义的冲突大为缓和。无论是从批判性的"空间殖民主义"控制角度还是从温和的中西方文化交融的角度，再度审视作为澳门文化载体的城市公园，可以确定的是，作为属于公众的城市公共空间，它们已是澳门城市发展和城市生活中不可或缺的一部分。公园强调平等的社会参与性，为各个阶层的人们提供休闲活动场所，倡导人人可以参与、人人共享的阶级平等意识，对公民意识和市民社会的形成起到了极大的推动作用。

第三节　澳门风景园林与岭南园林、
葡萄牙园林的比较

很多学者认为西式园林对中国造园艺术的直接影响应追溯到清乾嘉年间建造的圆明园西洋楼景观。但在此后相当长的一段时期内，这一影响只限于皇家园林，即便到了近代，传统造园手法仍然是私家园林采用的主流手法。然而，随着英国在鸦片战争中用坚船利炮打开了中国国门，西式造园手法对传统造园艺术开始产生了日渐深刻的影响。一般观点是，就全国范围而言，岭南地区开了私园仿西式园林的先河。通过对澳门近代风景园林的研究我们发现，由于其特殊的地理环境与社会环境，澳门比其他地区更早一步接触西方建筑文化，同时澳门近代园林也更早一步接触西方造园艺术。澳门近代风景园林融合了岭南园林和葡萄牙园林的造园特质，并有着自己独特的文化风味。

一　西风东渐下的同化倾向：与岭南园林的比较

澳门地处广东沿海一带，其气候及自然条件与岭南其他地区尤其是闽粤沿海地区一致，且澳门大多数居民来自闽粤，因此澳门的中式园林在多方面都承传了岭南园林的特征。岭南园林多由殷实的商贾修建，受西方文化影响很大，兼具中西方文化特色。岭南园林虽不比北方园林的壮丽、江南园林的纤秀，却具有轻盈、自在与敞开的特点。岭南园林重视建筑的选址，其高低错落的建筑装修风格既保持了乡土风格，又能吸收外来的西洋古典元素。如余荫山房园林便显得十分精细、别致，在布局上凸显了"小巧玲珑、布局巧妙"的构思与手法，被视为岭南造园艺术的代表作。在古典园林中，三雕（木雕、砖雕、石雕）三塑（陶塑、泥塑、灰塑）遍布全园，其中灰塑和砖雕最具岭南味，如清晖园中的"苏武牧羊"灰塑，板桥花园中的瓜果砖雕漏窗，陈氏书院中巧夺天工的砖雕等。岭南地区地处亚热带，因此岭南园林一年四季都花团锦簇、绿荫葱翠。除了亚热带的花木之外，园内还大量引进了外来植物。园中老榕树的大面积覆盖遮蔽有尤为宜人的遮阴效果，堪称岭南园林之一绝。

由于天然的地理屏障和空间上的距离感，历史上岭南一直远离国家的政治中心，受中原传统文化的影响较弱。岭南园林作为岭南文化的载体，从其原发期开始，它受到的正统儒教礼仪和老庄哲学的影响就远不及江南园林与北方园林受到的影响。[①] 外加岭南自古就是中外贸易的交汇点，中外文化的交融衍生使岭南文化具有西方文化与商业文化的特征。在特殊的地缘条件下形成的岭南文化促成了岭南园林的多元性、开放性以及兼容性，这在一定程度上与澳门园林文化兼容并蓄的特点不谋而合。同样是海洋文化、中西方文化融合的产物，相比澳门风格差异明显的中、西两派园林风格，岭南园林更懂得博采众长，完美体现了"融"的内涵，或者说岭南园林在创新性上表现得更加突出。尽管中国传统的造园美学是岭南园林的主导思想，但西方的元素在这里并非格格不入，岭南园林懂得在吸收中国传统园林精华的同时借鉴、融合西方造园手法，如在中式园林建筑中采用拱形门窗、巴洛克风格的柱头、西式护栏、铸铁花架、条石砌筑的规整式水池等。这种中西合璧的手法在澳门的卢廉若公园中也有所体现。

随着鸦片战争爆发后西方国家加深对中国的军事、经济和文化侵略，岭南园林逐渐从私园发展为可作公共活动场所的园林，在西方民主意识影响下，岭南地区开始出现"公园"概

---

① 周海星、朱江：《明清时期江南与岭南私家园林风格差异探源》，《南方建筑》2004年第2期。

念，公园建设初显端倪。这与澳门在 19 世纪末 20 世纪初建设城市公园的高潮不谋而合，只是在风格上岭南园林大都保持了自己的基本格局和风貌，主张洋为中用，吸纳、融汇了西方园林建设中合理的部分，如采用了新式的建筑材料和建筑结构处理，这使其在风格上既传统又具新意。

在 20 世纪二三十年代，广东出现了一批吸取欧美别墅风格的新型岭南别墅园林，这些私人园林中有一种园林，它们主要采用西方园林造园手法，在修建中使用了几何形的构图和西方园林建筑小品的形式，在造园手法及空间尺度处理上都与澳门的某些城市公园十分相近。这类园林的典型代表有广东开平的立园。开平立园吸收了中国古典园林的建筑艺术特点，并将欧美别墅的建筑特色和东洋装饰艺术融会贯通，是中国保存较为完整的拥有中西结合建筑艺术的名园之一。立园集传统园艺、西洋建筑于一体，其融汇中西的建筑艺术风格在众多园林中独树一帜。由于受同样的地理环境因素的影响，立园与澳门的公园在植物配置方面有诸多相似之处，且都运用了不同于传统西方手法的植物处理手法。如立园在大片的规则草地上面散植大树，与西方古典园林的植物景观配置有明显不同。西方园林通常在规整几何化的大片草地上种植修剪成形、体型较小的植物，使花园显得更开阔并能享受到更多的阳光。但考虑到岭南地区气候炎热、阳光猛烈的特点，立园在草地上散种岭南常见的大树如榕树，再用低矮的灌木点缀草地周边，这种手法在顾及功能使用的同时又具有自己的特色。类似的手法在澳门白鸽巢公园中也有体现，园中的草坪上种植有高大的乔木遮阴避暑，这也是充分考虑气候因素的处理手法。在造园手法上，立园园内的空间尺度比传统的岭南私家园林大，园林的开放性更强。这种造园手法是澳门城市花园如白鸽巢公园、加思栏花园、二龙喉公园等公共空间常用的手法，从立园我们可以看到近代园林演变中岭南园林向公共空间过渡的轨迹。

二 西方元素的东方诠释：与葡萄牙园林的比较

澳门近代风景园林的发展与创作手法，在很大程度上受到了葡萄牙园林的影响。澳门的公园与葡萄牙的园林风格相近，往往被矮墙或栅栏圈住，与外界缺乏联系。我们知道葡萄牙的建筑受欧洲其他国家建筑风格的影响较大，但其园艺系统受到的来自外界的影响则要小得多。早在 15 世纪，在其他国家的旅行者游览葡萄牙的游记中，我们就可以发现葡萄牙人的花园概念和其他意识概念与其他地方的居民有明显不同。葡萄牙人对于欧洲文化的态度，以及其对于自己民族文化的自豪感，使他们习惯性排斥来自东方和伊斯兰世界的异国情调。几个世纪以来，葡萄牙的花园和建筑与当地的本土生活紧密相连，高墙、花盒、篱笆、避暑别墅、瓦工、砖砌小路作为空间元素反映了城市生活休闲的本质。由于受干燥炎热的夏季气候影响，葡萄牙花园自成一个小巧、绿色、凉爽的区域。石瓦、贝壳等葡萄牙元素，给予这个空间难以捉摸的魔幻之美，这使该空间与周围的自然环境出现了根本性区别。[1]

葡萄牙园林几百年的发展历史始于早期摩尔人统治下的内

---

[1] Helder Carita, Homen Cardoso: *Portuguese Gardens* (Suffolk, UK: Antique Collectors Club), 1991, p. 15.

向、封闭、宁静的中庭空间。到了 16 世纪，受到意大利文艺复兴运动的影响，建筑庭院开始出现，但庭院规模不大，依然是以建筑中庭为主的封闭、内向的园林。在 17 世纪、18 世纪，受法国园林风格的影响，一些重要的皇家园林开始向尺度宏大、层次丰富、空间多变的外向型园林过渡，然而民间的造园主流依然是小巧、内向的葡萄牙传统园林。19 世纪和 20 世纪初，城市公园这种公共开放的空间成为主流。这段时间也是澳门造园活动的高潮，澳门很多花园都传承了葡萄牙园艺的风格。

葡萄牙的花园、建筑和其本土生活紧密相连，反映了其城市生活的休闲本质。正是这种建筑花园和休闲花园的概念，使葡萄牙的花园和北欧的花园有着本质上的不同。在北欧，周围的环境景观是作为花园整体布局的一部分被考虑的。而葡萄牙花园的空间围合感强烈，内部显得精致而舒适，从内部欣赏往往比从外部欣赏效果更佳。

葡萄牙花园作为自成一体的建筑空间，与周围环境有明显的不同，并在海洋文化和航海文化影响下形成了以海洋为主题的细部装饰风格。这些造园风格被带到了澳门，造就了在今天的澳门园林中常见的欧式园林风格：精美小巧、宁静舒适、空间围合感强。和葡萄牙园林相似，澳门城市公园的形成过程也是适应本土气候环境和地域文化的过程，其建筑材料、工艺手法以及植物选择都是以本土的施工材料为基础，这使澳门的欧式公园不可避免地带有澳门本土的地域特色。葡萄牙造园活动中流行的细部装饰材料如贝壳、瓷砖等被带到澳门。但是葡萄牙花园中常见的灌木修剪艺术在澳门却较为罕见，澳门的许多公园选择充分利用植物的天性来表现其特有的自然情怀。这可

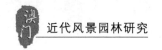

能是由于澳门本土的植物多从香港购得，并且在精心培育下才能在澳门缺乏养分的土壤中存活；中式造园思想的影响也是造成这一现象的因素之一。植物品种以及地理环境上的限制影响了澳门修建的葡式花园的风格，并且有些园林在多元文化的影响下已演变出规则式花园与自然式园林相结合的折中主义风格。此外，澳门由于地域狭小、城市密度大，其公园在布局上比葡萄牙本地的园林更多注重园林本身的功能性，注重以人为本的设计，力求营造健康的游园环境、改善城市拥挤的超负荷状态。

第六章 澳门近代风景园林的
保护与发展

第一节 澳门近代风景园林的保护价值

澳门近代风景园林不仅是一种综合性的艺术，还是一部记录近代澳门公共空间建设的"历史年鉴"：它反映了一个城市的历史、文化背景以及地域特征，并以独特的语言向人们客观地展现了当时澳门的社会经济条件、思想意识、审美情趣和主流文化。因此，澳门的近代风景园林具有极高的保护价值。澳门近代风景园林在历史、艺术、技术、文化等方面有很高价值，是城市文化的有力支撑。园林绿化部以及文化厅等政府相关部门在城市公园的保护和利用上做出了一定努力，然而相比对城市历史建筑物、历史街区等进行的研究与保护，对城市园林系统的重视仍有待加强。如加思栏花园、卢廉若公园就曾因城市开发等各种原因而园地面积减少。还有一些公园在开发过程中被改建，甚至因为城区的改建而完全消失。

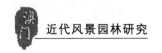

一 历史价值

作为著名的世界文化遗产城市的澳门，同时也是中国最早具有搭建中西文化沟通桥梁、促进东西方贸易往来的重要意义的沿海城市。四百多年的历史积累与沉淀给今天的澳门留下了独具特色的文化遗产，这些历史遗产凝聚了澳门各个时期的历史信息和文化记忆，是十分宝贵的不可再生资源。同样，在澳门近代城市花园中，许多已经有超过百年的历史，它们与澳门历史城区相辅相成，本身就是澳门近代文化遗产历时性和共时性的结合体。同时，它们对澳门城市的影响力很大，能很好地增强澳门居民的情感认同。还有些公园与历史重大事件相连，具有很强的纪念性。如卢廉若公园是孙中山先生在澳门进行早期革命活动的主要据点，他于1912年5月应邀抵达卢园中的春草堂，并在此接见了澳门的知名人士和革命志士，卢园因此具有重要的历史意义。目前，部分近代城市花园已被列入《澳门文物名录》，包括卢廉若公园、白鸽巢公园、螺丝山公园、加思栏花园、得胜花园、华士古达嘉马花园等。

二 艺术价值

澳门近代风景园林的艺术价值体现在其对两种园艺传统的结合上：一种是以葡萄牙风格为代表的西方园艺传统，另一种是东方园艺传统。两种园艺传统都反映了当时的审美水平和艺术发展状况，它们风格、内涵各异的审美方式在澳门得以融汇，产生了大相径庭的艺术表现形式。从整体到局部再到细节，澳门的城市花园在空间布局、植物配置、建筑装饰、雕塑艺术、造型色彩等方方面面都十分注重对美的追求，使其在具有观赏性的同时又有很高的艺术价值。

三　科学价值

澳门近代风景园林是研究近代城市建设的范本。作为城市建设的有机组成部分，澳门的欧式园艺系统是在澳葡政府严格的城市规划指导下逐步发展起来的。在政府的规划、设计和管理下，澳门近代风景园林无论在施工工艺水平、建筑结构体系上，还是在材料的使用上，都体现了较高的造园技术水平，并且其材质被完整真实地保留下来。

四　文化价值

澳门近代园林的文化价值主要体现在其中西合璧的文化底蕴上。澳门园林文化在对中葡文化进行吸收和变通的过程中实现了文化风格的重构，在西方文化与中国古典文化碰撞、交流、融合的过程中表现出自我适应和融汇创新的时代精神。澳门园林是这种"多元一体"的文化格局衍生的具有多种复合元素的物化形态，它具有极强的包容性和开放性。

五　使用价值

澳门园林满足了城市居民的物质、精神双重需要，形成了开放复合、集多种功能于一体的公共空间环境。它们不仅为城市居民提供了舒适、宁静的绿化空间，还可以有效满足居民在社会交往、健身、休憩、娱乐放松、享受自然甚至科普教育方面的需求。同时凭借其环境艺术、园林艺术的吸引力和感染力，澳门园林还可对人们进行艺术上的熏陶。这些布置精致的花园，配合城市景观和环境的需要，成了城市的"绿肺"，改善了城市的小气候。

第二节 澳门近代风景园林的价值评估

保护历史文化遗产是社会进步、文明发展的必然要求。2005 年澳门申报世界文化遗产获得成功，成为中国第 31 处世界文化遗产，这项荣誉使澳门"多元一体"的文化产生了更强大的凝聚力，令当地居民感受到了更强烈的归属感。澳门在建筑遗产保护方面所做的努力，一直以来都广受社会各界肯定和赞许。澳门制定了相关的文化遗产保护法令，注重建立全民参与的文化遗产保护机制和组织相关宣传活动，并提出"加强对文化财产保护的宣传和教育，提高全民文物保护意识，拓展本地的文化旅游资源".[①] 从中可见澳门将保护文化遗产视作对市民进行教育的过程，将文化遗产视为澳门旅游业发展所需的重要资源。

从风景园林保护评估这一研究领域来看，目前我国在对风景园林进行保护时普遍缺乏对园林价值的认识与梳理，往往沿用已有的建筑文物评估标准，而没有建立一套更为规范、完备的专项标准。这使学界对风景园林价值的认识不够客观全面，并直接影响了保护措施的准确性与全面性。尽管有许多学者开展过关于园林系统保护的研究工作，但它们多为局部、个别或

---

① 陈泽成：《澳门历史城区的保护与公众参与》，载《2008 国际古迹遗址理事会亚太地区会议论文集》，浙江大学出版社，2008。

不完整的研究。建立一套科学的园林系统价值评估框架，并对城市中的主要风景园林遗产进行综合评估，是十分必要的。此处，笔者拟对这一课题做初步研究，以提升对园林保护问题的认识和理解。

一 价值评估体系的框架与原则

（一）国内外文化遗产的价值评估

西方国家的文化遗产保护起步相对较早，并且它们有一套从调查、评估到注册登录文化遗产的完善机制。如英国将"具有特别建筑艺术价值和历史特征的建筑"通过五项基本标准——艺术、建筑、技术、社会、历史——分为四等，评估标准侧重于历史建筑的艺术价值，并关注艺术水平、技术水平以及与社会发展的联系。负责历史文化遗产保护的国际组织在 1987 年 10 月通过的《华盛顿宪章》中总结了各国的做法与经验，列举了历史地段应该受到保护的内容，如建筑物和绿化、旷地的空间关系，以及地段与包括自然和人工环境在内的周围环境的关系。[1] 从内容上看，《华盛顿宪章》更关心外部的空间环境，关注地段与周围环境的关系和该地段在历史上的功能与作用。从另一角度也可以说《华盛顿宪章》提高了对风景园林系统保护的注重，强调保护、延续园林原有的文化本质。

中国的文化遗产价值挖掘工作起步相对较晚。在 2005 年 10 月由中国承办的国际古迹遗址理事会第十五届大会暨科学

---

[1] 王景慧：《城市历史文化遗产保护的政策与规划》，《城市规划》2004 年第 10 期。

研讨会上，中国专家起草了《西安宣言——关于古建筑、古遗址和历史区域周边环境的保护》（下文简称《西安宣言》）。该宣言明确指出："遗产概念除了物质本体的保护之外，还应该包括它和自然之间的关系，和一些非物质遗产、社会文化环境方面的关系，环境本身是遗产价值不可或缺的重要组成部分。"[①] 不同于西方强调"以建筑本身为主体，环境控制是为保护建筑进行的控制"的历史环境观念，《西安宣言》倡导的观念是综合的环境概念，"是环境意义上的发展，包括文物环境、人文环境、自然环境，尤其是文化环境"。这种观念的提出，使历史环境保护观念具有了更高层次的文化内涵。以澳门的卢廉若公园为例，公园的设计者通过充分利用环境要素，如假山、水体、植物等，来表达建筑的个性及空间的意境。由此我们可以发现，对城市风景园林的保护，只有在充分理解并尊重整体文化内涵和历史环境的基础上，才可能获得最佳效果。

（二）评估框架的建立

在建立风景园林的保护评估标准时不能一概而论，需要具体问题具体分析，建立适合自己的评价体系。笔者借鉴国内外文化遗产的评估标准，结合澳门风景园林的特色，制定了如下保护评估框架（见图 6 - 1）。

二 价值评估框架的要点分析

（一）评估准则指标

形态特征的原真性：形态是澳门近代风景园林价值传承的基

---

① 郭旃：《西安宣言——关于古建筑、古遗址和历史区域周边环境的保护》，《专家座谈会发言稿》2005 年第 10 期。

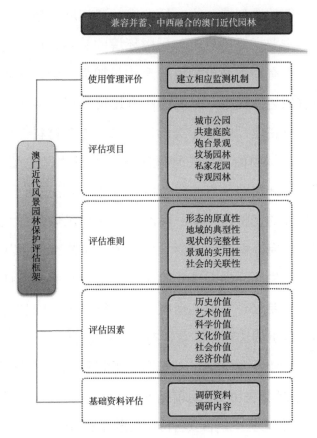

图 6-1　澳门近代风景园林保护评估框架

资料来源：作者自绘。

础，只有保证其形态的原真性，才有可能保证其承载历史信息的
准确性。风景园林的形态属性包括风景园林的空间布局结构、形
式、尺度、材质、色彩、它们之间的相互关系，以及其达到的艺
术水平与技术水平（如施工方法、材料、构造等方面的稀有程
度，建造时间的古老程度，艺术处理的优秀程度及吸引力，等
等）。原真性的准则主要涉及外形、技术等形态特征和园林的艺
术感染力。

地域特征的典型性：这一标准针对澳门城市景观的整体特征而提出，主要指保护对象与周围环境的关系，包括是否为城市地标，是否有助于城市特色的形成与加强。例如加思栏花园的典型性价值，体现在其鲜明的西方建筑特征和中西合璧的建筑风貌，以及在建设中对葡式设计手法、建筑材料、结构技术等的引入。花园中的景观在地段区域内的整体风貌是统一的，这反映了葡萄牙建筑风格的传入和中西建筑风格的融合与渗透。

现状特征的完整性：这一标准关注现存风景园林系统保留的历史信息的完好程度，它要求科学地评定园林变更状况并鉴别相关价值损失度，如园林的改建、加建对其原有特征和价值的影响。它还要求科学地鉴别原有的功能、过去的功能以及现在的功能，分析周边环境的变迁对园林的影响。

景观的实用性：在澳门，该标准主要指园林在文化旅游开发方面的潜力。在不损失历史信息前提下进行的旅游开发，是近代风景园林价值的最好彰显。能否妥善协调旅游开发同现有城市风景园林的建设与保护之间的关系，是衡量澳门是否具备旅游开发能力的重要指标。

社会特征的关联性：该标准指园林与社会重大历史事件、历史人物的关联程度，以及与社会风俗习惯、政治制度等的关联程度。①

（二）价值评估因素和权重指标的确立

综合国内外的评估标准我们可以发现，价值高低并不是由各因素得分的累加值决定，也就是说，在历史、艺术、科学、

---

① 刘敏：《青岛历史文化名城价值评价与文化生态保护更新》，重庆大学博士学位论文，2003，第 70~73 页。

文化、社会、经济的某些方面具有重要意义的风景园林，即使它们在其他方面价值一般，其意义也要高出在各方面价值都不够突出的园林。世界文化遗产的标准也认为，只要能够在所列各项中的至少一项上有足够突出的表现，评定对象即可被认定为具有很高价值。为减少评估体系的误差从而使其更具科学性和实用性，为克服专家评价法中主观判断的影响，以及为避开纯数学处理法操作性差的缺陷，在对指标权重系数的确定上，笔者提出利用结构方程模型的评估分析方法，并主张引入数理统计学的一些新研究方法（如因子分析、对应分析、自建模回归模型、评估模型、曲线预测、时序分析等）。笔者主张采用数据分析手段，通过结构方程模型计算出各项指标的系数，这样求得的历史建筑价值评估的权重系数是合理客观的，而不是由研究者事先指定的。在对其基本状况和相关历史背景进行充分调查研究后，笔者将根据历史价值、艺术价值、科学价值、文化价值、社会价值、经济价值这六个基本价值指标对澳门近代风景园林做出评价，并根据相关评价因子算出综合评分。表6-1列出的评估体系仅仅是评估澳门近代风景园林价值的一种方法，由于评估因素的确立带有主观性，此表仅具有参考价值。

表6-1 澳门近代风景园林价值评估表

评估因素		评估等级				权重	综合得分
		Ⅰ(100%)	Ⅱ(80%)	Ⅲ(60%)	Ⅳ(40%)		
历史价值	年代久远程度						
	相关历史人物与事件						
	影响力和情感认同度						

续表

评估因素		评估等级				权重	综合得分
		I（100%）	II（80%）	III（60%）	IV（40%）		
艺术价值	空间结构						
	细部、装饰与色彩						
	植物配置						
	对周边的外部效应						
科学价值	结构技术特征						
	施工技术水平						
	材质特点						
文化价值	园林的类型意义与纪念性						
	对地域特色与文化风格的反映						
社会价值	对社会关系和生活习俗的反映						
	现状特征的完整性						
	对当时社会信息的记录						
经济价值	旅游开发的经济效益						
	使用价值						
评估	评估结论与对策						

资料来源：作者自制。

第三节　澳门近代风景园林保护策略的建立

"在西方国家，对历史园林遗产的保护、保存及修复的忧虑，无论是从公众角度，还是从当政人物角度来说，都是最近的事。"①

---

① 法国华夏建筑研究学会：《法国历史园林的保护和利用》，中国林业出版社，2002，第 241～242 页。

目前，世界各国对历史园林的保护，也大多处于摸索阶段。英国是文化遗产保护体系比较全面、完善的国家，其国家法定的咨询机构——英格兰遗产委员会（English Heritage）负责制定英国文化遗产登录制度以管理英国的文化遗产，并提出建立"注册历史公园与园林"的保护制度。① 英格兰遗产委员会对园林的注册要求也是多方面的，如园林要有超过 30 年的历史、其布局要有特点、景观效果要好等。委员会在经过现场调查和全方面佐证后，会将具备条件的园林审报登录并留档备案。历史园林的登录制度规定详尽，可操作性强，它不仅是重视园林价值的对历史遗产的保护措施，还对其周边地块的发展也有相关规定，这种政策在保护的同时又注重对园林进行合理的开发和利用，可谓一举两得。此外，法国作为在历史建筑方面最早立法的国家，使用归类和补充相结合的双重保护体系以保护国内的历史园林。归类是一项严格的保存制度，适用于那些最具价值、保存最完整的园林。一旦纳入归类系统，任何改变该历史园林现状的工程都必须在获国家机关批准后才可以进行。补充适用于应对历史园林的演变发展进行监督的情况。这两种保护制度十分完善，在其每个阶段都有相应的起约束、指导作用的法规。

在历史文物保护方面，政府也做出了值得肯定的努力。全面的法律体系和完善的保护机制是澳门历史文物能获得保护的保障。在澳门风景园林保护工作的实践中，用到的保护技术包

---

① 张松：《历史城市保护学导论：文化遗产和历史环境保护的一种整体性方法》，同济大学出版社，2008。

括保存、整饬、修复、加建、环境修整等。不同保护技术对风景园林造成的影响十分不同，而其执行成本也相差悬殊，所以在实际操作中应当根据园林的价值水平和现状对其谨慎使用。澳门有许多园林已被纳入澳门文物保护相关法律的保护范围，在文物名录中的有炮台景观，重要的坟场，中式园林中的卢廉若公园、妈阁庙，城市公园中的白鸽巢公园、螺丝山公园、加思栏花园、得胜花园、华士古达嘉马花园等。此外，还有一些没被登记在内的近代园林，它们的价值则更多体现为可持续的使用价值和可变更利用的经济价值。

结合前文列出的"澳门近代风景园林价值评估表"，我们可以根据综合评定的得分情况将保护对象进行分级，并对不同级别适用不同的保护措施。对于保存较完整的、价值较高的近代园林，应对其进行日常性维护，注重对园内植物尤其是古树的保护，同时注重对历史文物的保护。对于价值一般的近代园林，则可以适当降低对其进行维护的频度。同时，应改善必需的休息、卫生等方面的基础设施条件，改善措施需与原有环境相协调；应消除各种危及园林完好度的因素；应通过对园林的保护和利用，使园林满足环境的整体性要求。

第七章 结语

　　四百多年来，中西文化在澳门的交汇、交流和碰撞，推动了两种文化的融合，创造出中西合璧的澳门文化。这座历史名城在促进东西方贸易往来和中西文化交流方面有重大贡献。开埠后澳门近代风景园林的初始发展由偶然性因素主导；但在鸦片战争后，在澳葡政府的控制下，城市公园的建设活动发展至高潮。一方面，澳门的园林长期存在于东西方两大文明体系共生发展的背景下，并在政府的影响下产生了与众不同的城市花园特色：小巧精美、围合感强、布局多样、功能复合、建筑风格中西合璧、蕴含东西方多种文化理念等。另一方面，在中国近代历史上，澳门一直承担着"双重义务"或扮演着"双重角色"，即把自身的文化传到自身以外的文化中去，同时把自身以外的文化引回自身。葡萄牙殖民主义者带来了崭新的造园理念，向澳门展示了其先进的规划理念、艺术风格、多元功能、造园手法以及管理体制。同时，中国的园林艺术被澳门的传教士介绍到欧洲并得到了欧洲建筑师的高度赞赏。西方人通过澳门园林了解了园艺在东方文化中的重要地位，中国人通过澳门

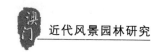

园林也认识了西方造园艺术的相关手法和西方园林艺术的精神价值。

通过本研究，我们可以发现，作为成功塑造了澳门地域特色、同时较好体现了澳门整体格局面貌的城市景观，澳门近代风景园林在形成上具有多元性，在发展过程中具有共生性，在特质上具有包容性，是兼容并蓄、中西融合的城市文化的载体。经总结，澳门园林具有以下几个特点。

其一，澳门近代风景园林呈现出"多元一体"、独树一帜的文化共融格局，体现了包容性和开放性。澳门园林是在特定的历史条件下、在中西文化的碰撞和融合中形成的一种具有包容性和开放性的城市园林。"亦中亦西"的两栖文化环境、多元文化模式，以及澳门地方文化的繁荣反映在风景园林的建设上，则表现出了极大的包容性。以岭南文化为代表的中华文化和以葡萄牙文化为代表的西方文化的对话和交流始终贯穿澳门园林文化的形成与发展，并形成独树一帜的具有中西合璧特点的澳门地域融合文化。在这种地域融合文化的影响下，澳门的造园活动既吸收了西方造园艺术特色，又深受中国传统园林艺术风格的影响，在冲突中包容，在包容中融汇。异质文化的同处共荣使澳门的园林艺术表现出极具包容性的求同存异的面貌和兼容并蓄的文化特色。

其二，澳门近代风景园林在造园艺术上具有布局杂糅、功能开放复合、造园要素西化的特征。澳门近代风景园林在布局风格上主要以西式园林开敞通透的外向型空间布局为主，中式园林曲折幽静的内向型空间布局为辅；而在布局手法上则以西方规则式布局和东方自然式布局结合为主，并辅之以纯粹的规则式或自然式布局。园林在功能上为集多种功能于一体的综合性公共空间。主题明确的公园类型和鲜明的功能分区是澳门欧式公园的主要特征之一，同时公园在本质上注重人的功能性要求，以姿态开放和满足公众精神需求为宗旨。在造园要素方面，由澳葡当局规划建造的澳门城市公园具有同时代葡萄牙公园的艺术风格特点，多采用西方园林的植物配置手法、水景营造手法、建筑与构筑物营造手法。此外，与澳葡政府无关的、由华人富商营造的传统园林卢廉若公园也在局部使用了西方元素。总而言之，澳门的近代园林可以说是一种由西方造园思想主导，同时在中国古典园林文化影响下形成的杂糅的园林语言。

其三，澳门近代风景园林作为西方文化输入的媒介，带有鲜明的"空间殖民主义"色彩。近代公园是与葡萄牙殖民主义一起进入澳门的，殖民主义者将他们认为的"文明"的艺术文化移植到澳门，澳门风景园林是殖民主义者的权力意志在公共空间上的表征。公园作为与公共空间有关的艺术形式，与人们的生活状态和心态观念紧密相连，它们不仅仅是中西文化交流的媒介，同时也是殖民主义向澳门渗透的重要渠道。葡萄牙殖民主义渗透澳门以后，澳葡政府按照葡萄牙的审美思想和艺术处理手法对澳门进行城市规划，建立起一座座带有葡萄牙艺术风格的公园，使殖民权力渗透澳门居民的日常生活。这种空间上的殖民主义是一种精神上的控制，传达了葡萄牙殖民主义者的文明优越感。

其四，澳门近代风景园林作为西方城市文明的体验空间，具有完备的管理模式和运营机制。现存的城市公园多为澳葡当局依照 1864 年的城市规划政策出资建设的，它们的管理和维护也必然是政府的责任。政府先后通过设立澳门改善研究委员会、农业厅，以及在民政总署农林厅下设立园林绿化部等，对公园的日常运营、维护管理、扩建改造进行整体性管理和监督，其维护、管理和更新的模式十分完备。

从现存的澳门近代风景园林来看，不同风格和类型的园林是澳门不可多得的城市文化资源，为澳门生态环境提供了良好的可持续发展空间。无论是历史悠久的妈阁庙、坟场、炮台景观，还是近代城市公园，它们都是澳门得天独厚的历史文化资源，是澳门人在长期的生活环境中不断创造出来的城市人文景观，是澳门居民智慧、劳动和情感的载体，是连接澳门的过去与未来的纽带。因此，保护好现存的城市园林景观，是提升城市文化品位的重要手段，也是现阶段澳门居民的共识。在近代风景园林的保护问题上，本书提出以下几点建议以供参考。

第一，要健全法律体系。尽管政府在历史文物的保护上已经做了许多工作并取得了较大成就，但是现阶段澳门并没有一项专门针对历史园林的保护法规。一些花园在改造中失去了原有的风格韵味，而对惯用改造模式的统一使用还导致了景观的单调。同时，政府对于古树的保护力度不够，民众的相关保护意识也比较淡薄，因此制定针对古树保护的管理条例也十分必要。此外，相关法律还须具体落实到历史园林资质的申请、评估、审批等程序上，以及涉及资金管理等方面。

第二，要完善保护机制。澳门近代风景园林的保护需要以一套完备的、易于实施的制度作为基本保障，该制度应是一种结合自上而下的保护约束和自下而上的保护意识的保护机制。保护澳门的近代风景园林，还需要结合人们自发自觉的保护意识与官方的保护机制，从而形成一个多层次而又灵活开放的保护空间。

第三，要树立可持续发展的保护观念。园林本身具有生命，表现出明显的季节性和时间性。因此，不能像对待文物一样对园林采取完全冻结的保护方式。在澳门，应该结合当地的实际情况，在发展中保护园林，在保护中利用园林，把对园林的保护引导到可持续发展的轨道上。

第四，应加强宣传教育，培养专业人才。通过一些宣传教育手段提高全市居民的保护意识，对澳门近代风景园林的保护也十分重要。同时，要为园林的保护提供人才方面的保障，加强对相关专业人才和历史园林修复人才的培养。

参考文献

中文著作：

童寯：《江南园林志》，中国建筑工业出版社，1984。

陈志华：《外国造园艺术》，河南科学技术出版社，2001。

张家骥：《中国造园史》，黑龙江人民出版社，1986。

周维权：《中国古典园林史》，清华大学出版社，1999。

陈明竺：《都市设计》，创与出版社有限公司，1992。

纪晓岚：《论城市本质》，中国社会科学出版社，2002。

姜晓萍、陈昌岑主编《环境社会学》，四川人民出版社，2000。

张鸿雁：《侵入与接替：城市社会结构变迁新论》，东南大学出版社，2000。

张鸿雁：《城市形象与城市文化资本论：中外城市形象比较的社会学研究》，东南大学出版社，2002。

梁雪、肖连望：《城市空间设计》，天津大学出版社，2000。

齐康主编《城市建筑》，东南大学出版社，2001。

齐康主编《城市环境规划设计与方法》，中国建筑工业出版社，1997。

金俊：《理想景观：城市景观空间系统建构与整合设计》，东南大学出版社，2003。

刘先觉：《现代建筑理论：建筑结合人文科学自然科学与技术科学的新成就》，中国建筑工业出版社，1998。

王泓志：《流动、空间与社会》，田园城市文化事业有限公司，1998。

段进：《城市空间发展论》，江苏科学技术出版社，1999。

范景中编选《艺术与人文科学》，浙江摄影出版社，1989。

夏祖华、黄伟康：《城市空间设计》，东南大学出版社，1992。

宋建民：《色彩设计在法国》，上海人民美术出版社，1999。

焦燕编《建筑外观色彩的表现与设计》，机械工业出版社，2003。

王祥荣：《生态与环境：城市可持续发展与生态环境调控新论》，东南大学出版社，2000。

王文达：《澳门掌故》，澳门教育出版社，1999。

印光任、张汝霖编《澳门记略校注》，赵春晨点校，澳门文化司署，1992。

刘先觉、陈泽成：《澳门建筑文化遗产》，东南大学出版社，2005。

黄就顺、李金平：《澳门环境保护》，澳门基金会，1997。

黄就顺、邓汉增、黄均荣、郑天祥：《澳门地理》，澳门基金会，1993。

何大章、缪鸿基：《澳门地理》，广东省立文理学院，1946。

黄汉强、吴志良主编《澳门总览：史地篇》，澳门基金会，1996。

吴志良：《东西交汇看澳门》，澳门基金会，1996。

邓开颂、陆晓敏：《粤港澳近代关系史》，广东人民出版社，1996。

郑天祥、黄就顺：《澳门人口》，澳门基金会，1994。

汤开建：《澳门开埠初期史研究》，中华书局，1999。

文钧、贤明、金辉编《澳门回归300问》，中国旅游出版社，1999。

郑妙冰：《澳门：殖民沧桑中的文化双面神》，中央文献出版社，2003。

陈炜恒：《路氹掌故》，临时海岛市政局出版，2000。

唐思主编《澳门风物志》，澳门基金会，1998。

吕志鹏、欧阳伟然：《澳门公园与花园》，三联书店（香港）有限公司、澳门基金会，2009。

欧阳伟然、吕志鹏：《澳门步行径》，三联书店（香港）有限公司，2009。

张卓夫：《澳门半岛石景》，三联书店（香港）有限公司，2010。

Elsa Maria Martins Dias：《濠园掠影》，澳门市政厅，1999。

梁敏如：《濠城绿意》，澳门特别行政区民政总署，2008。

澳门特别行政区民政总署：《澳门古树》，澳门特别行政区民政总署，2006。

李燕：《澳门与珠三角文化透析》，中央编译出版社，2003。

黄坤尧、邓景滨、陈业东：《镜海钩沉》，澳门近代文学学会，1997。

刘羡冰：《双语精英与文化交流》，澳门基金会，1994。

黄启臣：《澳门通史》，广东教育出版社，1999。

刘然玲：《文明的博弈：16 至 19 世纪澳门文化长波段历史考察》，广东人民出版社，2008。

法国华夏建筑研究学会：《法国历史园林的保护和利用》，中国林业出版社，2002。

张松：《历史城市保护学导论：文化遗产和历史环境保护的一种整体性方法》，同济大学出版社，2008。

〔葡〕弗郎西斯柯·卡代拉·卡勃兰、〔英〕谢铃：《澳门园艺与景观艺术》，梁家泰摄影，澳门基金会，1999。

〔葡〕阿尔维斯·法兰度·洛鲁：《东方的绿洲/澳门》，澳门社会事务暨预算财务司办公室，1999。

〔葡〕徐萨斯：《历史上的澳门》，澳门基金会，2000。

〔美〕理查德·瑞吉斯特：《生态城市：建设与自然平衡的人居环境》，王如松、胡聃译，社会科学文献出版社，2002。

〔英〕埃比尼泽·霍华德：《明日的田园城市》，金经元译，商务印书馆，2002。

〔奥〕卡米诺·西特：《城市建设艺术》，仲德崑译，东南大学出版社，1997。

〔美〕布伦特·C.布罗林：《建筑与文脉——新老建筑的配合》，翁致祥译，中国建筑工业出版社，1988。

〔葡〕施白蒂：《澳门编年史，十六世纪》（中文版），澳门基金会，1995。

〔葡〕若泽·曼努埃尔·费尔南德斯：《葡萄牙建筑》，陈用仪译，中国文联出版社，1998。

〔瑞典〕龙思泰：《早期澳门史》，吴义雄、郭德炎、沈正邦译，章文钦校，东方出版社，1997。

〔葡〕阿曼多·科尔特桑：《欧洲第一个赴华使节》，澳门文化学会，1990。

〔意〕利玛窦、〔比〕金尼阁：《利玛窦中国札记》，何高济、王遵仲、李深译，广西师范大学出版社，2001。

〔美〕爱德华·W.赛义德：《赛义德自选集》，谢少波等译，中国社会科学出版社，1999。

中文期刊、论文：

黄伟侠：《澳门旧城区城市形态初探》，清华大学硕士学位论文，2002。

梁敏如：《澳门城市绿地与园林植物研究》，浙江大学硕士学位论文，2006。

邢荣发：《十九世纪澳门的城市建筑发展》，暨南大学硕士学位论文，2001。

董珂：《澳门城市土地利用系统研究》，清华大学博士学位论文，2001。

刘敏：《青岛历史文化名城价值评价与文化生态保护更

新》，重庆大学博士学位论文，2003。

许政：《澳门宗教建筑研究》，东南大学博士学位论文，2004。

玄峰：《澳门城市建设史研究》，东南大学博士学位论文，2002。

陈泽成：《澳门历史城区的保护与公众参与》，载《2008 国际古迹遗址理事会亚太地区会议论文集》，浙江大学出版社，2008。

陈婷：《澳门卢廉若公园的造园特色》，《现代园林》2009年第 3 期。

朱纯、潘永华、冯毅敏、梁玉钻：《澳门公园植物多样性调查研究》，《中国园林》2009 年第 3 期。

梁敏如、包志毅：《澳门绿地类型概况》，《中国园林》2006 年第 1 期。

林鸿辉、潘永华、代色平、梁玉钻、朱纯、熊咏梅、冯毅敏：《澳门公园植物资源分析》，《广东园林》2008 年第 4 期。

梁敏如、何锐荣、谭国光、张素梅、潘永华、梁玉钻、陈玉芬：《澳门松山植被研究》，《澳门研究》2008 年第 48 期。

魏美昌：《论一九九九年前后澳门文化特征之保留及发展》，《澳门研究》1999 年第 1 期。

邢福武、秦新生、严岳鸿：《澳门的植物区系》，《植物研究》2003 年第 4 期。

杨仁飞：《澳门近代都市格局》，《文化杂志》1997 年第 32 期。

凡夫：《澳门宗教文化》，《世界宗教文化》1999 年第 4 期。

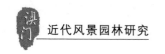

章文钦：《民国时代的澳门诗词》，《文化杂志》2003 年第 3 期。

童乔慧：《澳门城市规划发展历程研究》，《武汉大学学报》2005 年第 6 期。

关俊雄：《从诗词楹联看澳门卢园》，《广东园林》2012 年第 34 卷第 1 期。

吴家骅：《论"空间殖民主义"》，《建筑学报》1995 年第 1 期。

周海星、朱江：《明清时期江南与岭南私家园林风格差异探源》，《南方建筑》2004 年第 2 期

张鹊桥：《澳门总督府今昔——纪念澳门回归十周年》，《建筑与文化》2009 年第 9 期。

王景慧：《城市历史文化遗产保护的政策与规划》，《城市规划》2004 年第 10 期。

〔葡〕阿丰索：《澳门的绿色革命（19 世纪 80 年代）》，《文化杂志》1998 年第 36、37 期。

〔葡〕埃斯塔西奥：《澳门绿化区的发展及其重要性以及澳门植物群的来源》，《文化杂志》1998 年第 36、37 期。

外文著作：

Abbas, Akbar, *Hong Kong: Culture and the Politics of Disappearance*. Hong Kong: Hong Kong University Press, 1997.

Caldeira, Carlos José, *Macau em 1850 – Crónicas de Viagem*, Lisboa: Quetzal Editores, 1997.

Carita, Helder and Cardoso, Homen, *Portuguese Gardens*.

Woodbridge, UK: Antique Collectors' Club, 1991.

Pittis, Donald and Henders, Susan J., *Macau: Mysterious Decay and Romance*. Oxford, UK: Oxford University Press Ltd., 1997.

网站：

澳门特别行政区政府网站，http://www. macau. gov. mo/。

澳门特别行政区民政总署网站，http://www. iacm. gov. mo/。

澳门基金会网站，http://www. cyberctm. com/。

澳门大学网站，http://www. umac. mo/。

澳门统计暨普查局网站，http://www. dsec. gov. mo/。

澳门政府土地工务运输司网站，http://www. dssopt. gov. mo/。

ABBS 建筑论坛，http://www. abbs. com. cn/。

香港大学学习指导网页，http://www. hku. hk/hkcsp/ccex/text/studyguide/。

澳门虚拟图书馆，http://www. macaudata. com。

附　录　现存澳门近代风景园林一览

调查时间：2011 年 5 月 ~ 2012 年 5 月

序号	园林名称	建造时间	面积	花园概况
1	加思栏花园	19 世纪 60 年代	约 6100 平方米	园中古树数量多且品种丰富，该园是澳门古树最集中的公园之一。花园依地势而建，园中台阶与坡道交错，具有强烈的节奏感。花园中的铺地用黑、白两色搭配成曲线形花纹图案、欧式几何装饰图案、太阳图案、抽象的海洋动物图案等，展现了浓郁的葡萄牙风情。
2	白鸽巢公园	18 世纪中叶	约 19800 平方米	园内亭阁、流水、石椅、假山、塑像、幽径颇多。现在的白鸽巢公园是澳门古树品种和数量最多的公园，有红桂木、假柿树、破布木等。白鸽巢公园在空间布局上为混合式布局，即采用了规则式与自然式相结合的布局手法。
3	烧灰炉公园	19 世纪	约 1050 平方米	1996 年 4 月，政府将烧灰炉公园改建为交通安全教育主题公园，公园内设置了各类花草树木，圆形小水池，鹅卵石健康步行径，供市民憩息的石椅、石台，并提供了供儿童嬉戏玩耍的游乐区。
4	二龙喉公园	1848 年	约 16100 平方米	除有特色的古树叉叶木外，公园内亦多有种植其他花木，如大叶合欢、石栗及洋蒲桃等。此外，公园内设有大型的综合运动场、沙地、儿童游乐区及康乐设施。园中小径纵横互相衔接，花木遍布，景色错落有致。沿公园主道尽处的一段长长的石阶而上可到达松山市政公园。

序号	园林名称	建造时间	面积	花园概况
5	保安部队花园	19 世纪末	约 950 平方米	花园的整体呈阶梯状,共分三层,层次鲜明。
6	螺丝山公园	19 世纪末	约 9500 平方米	由于公园设有螺旋小径引导游人到达上方的瞭望台,以及整座公园形似一个巨型螺丝,公园被称为螺丝山公园。
7	华士古达嘉马花园	19 世纪末	约 5000 平方米	华士古达嘉马花园建于 19 世纪末,澳葡政府为纪念葡萄牙航海家瓦斯科·达·伽马率领的舰队抵达印度四百周年,任命葡萄牙工程师努内斯在昔日的华士古打监麻新路地段上设计了这条林荫大道,即"新花园"。林荫道全长 500 米,宽 65 米,两旁均植有假菩提树,摆放了盆花,设置了休闲椅凳,供游人欣赏休息。
8	得胜花园	19 世纪末	约 2000 平方米	花园中心的正方形地块做抬高处理,得胜纪念碑立于其上,是全园的中心主景。该八角柱状的大理石石碑是为纪念 1622 年 6 月澳葡战胜荷兰人而建的纪念碑,其周边有规则的几何式花坛环绕。花坛中植物的深绿色主色调,加上花园严谨的布局,在整体上给人一种庄重肃穆的感觉。
9	氹仔市政公园	1924 年	约 3500 平方米	公园建造在山坡上,园内有一小型山体。园地分为平地与丘陵两部分,又被山体、道路、斜坡划分为若干个小部分。其中西南面花园入口处的独特十字形花瓣喷泉水池和东北面的小型山丘是园中主要的景观,二者都颇具特色。
10	西望洋花园	20 世纪初	约 1200 平方米	全花园被古树假菩提环绕,园内绿树成荫、凉风飒爽、景色宜人。站在花园内可看到南湾、新口岸、氹仔以及珠海横琴的部分景色,此公园不失为一个观景的好去处。
11	民政总署大楼花园	1939～1940 年	约 290 平方米	花园的设计参照了葡萄牙及果阿的传统花园风格,同时糅合了澳门昔日庭院式花园的设计思路。

序号	园林名称	建造时间	面积	花园概况
12	南湾总督府花园	1840 年	约 2800 平方米	考虑到后高前低的地势，花园正中布置有花架，两旁对称布置水池和草地以增加纵深感。景观廊道上植有各式各样的奇花异草，充分表现出传统葡式花园的特色。
13	东方基金会花园	1885 年		花园以正对主楼的人工水池为中心主景，该水池呈规则的圆形，在正对建筑入口的西班牙式大台阶处伸出一半圆平台，水池周边红砖铺道、绿柳低垂。这个圆形水池可让人在一片绿林中呼吸着湿润的空气。
14	圣珊泽宫花园	1846 年		圣珊泽宫花园构图规则，在尺度上与圣珊泽宫十分协调。花园最大的亮点在于花园的铺地，以府邸入口为中心呈半圆形发散的彩色几何铺装地面，具有典型的葡萄牙园林风格，显得十分庄重典雅。
15	东望洋炮台	1622 年		东望洋炮台是城防发展成熟期的代表性建筑，是澳门目前原貌保存得最完整的炮台之一。
16	大三巴炮台	1617 ~ 1626 年	约 1000 平方米	花园内绿草如茵、古树参天，园中有一门巨型钢炮雄踞四周。大炮台四周景观优美，在炮台上可俯瞰全澳景色，更可远眺珠江口及拱北一带的风光。
17	氹仔炮台	1847 年		花园是为悼念 1851 年葡萄牙战舰玛丽亚二世号爆炸事件中的遇难者而建的。炮台对面因河道淤积已成为一片平地，该平地现被辟为码头公园。
18.	基督教坟场		约 2355 平方米	基督教坟场的环境十分清幽脱俗。教堂后的墓园有坟墓数十座，埋葬的多是来华的英国商人、殖民主义者、鸦片战争中在华身亡的英国将领及基督教传教士。
19	西洋坟场	1854 年		整个墓园依地势缓坡而上，坟墓据地形层层而建。墓地周边的植物生长茂密、种类繁多、色彩丰富。

续表

序号	园林名称	建造时间	面积	花园概况
20	伊斯兰教坟场		3 万余平方米	坟场内大树成荫,花木遍布,径道纵横。
21	白头坟场	1829 年		白头坟场内树木茂盛、环境幽深,此处曾被称为白头花园。
22	卢廉若公园	1925 年	约 11870 平方米	卢廉若公园是澳门唯一具有中国传统园林风格的花园。园内景色幽雅秀丽,采用了与江南园林苏州狮子林相似的格局,设有亭台楼阁、小桥流水、曲径回廊、竹林假山、红荷飞瀑、池塘桥榭。
23	郑家大屋后花园	1881 年	约 4000 平方米	园内遍植花木,至今仍保留芒果树、白兰树、杨桃树等古树。住宅西北方向为正房前院,前院平面呈狭长的等腰三角形,内有古井、古树、石制桌椅各一,围墙为由规则排列的瓦片形成的花朵形镂空墙面。整个前院十分简洁。
24	妈阁庙			整座寺院花木繁茂,环境清幽,院内石阶、曲径遍布,纵横的岩石上有文人雅士们题写的摩崖石刻,建筑气势雄壮。妈阁庙是澳门庙宇式园林最典型的代表。
25	渔翁街天后古庙	1865 年		整座寺院古木婆娑,清净超脱,人迹罕至。
26	氹仔菩提禅院	清光绪年间(1875～1908)		寺院内设有鱼池、石雕观音、亭台楼阁、菜园、小桥回廊、对联雕塑等,花园具有浓厚的中式传统园林情调。

后　记

　　澳门是一个风景如画的城市，解读澳门近代风景园林的动机可以追溯到我在美国宾夕法尼亚大学为期一年的学习经历。当时景观学系教授约翰·狄克逊·亨特（John Dixon Hunt）先生对"如画"（Picturesque）观念的研究对我启发很大：为什么西方在景观学领域的研究有如此高的建树？对中国园林进行地域性和断代性研究有没有价值？带着这些疑问，我将眼光投到了澳门近代风景园林。

　　从园林的发展史来看，现有的中国园林研究的研究对象多限于江南私家园林和北方皇家园林。近些年来关于岭南园林的研究使人们认识到园林的地域性研究的巨大潜力和价值。近代澳门由于其独特的地理位置和历史背景，逐渐形成了一种以中华文化为主、兼容葡萄牙文化的具有多元化特点的共融文化。在这种中西交融的文化之中出现了融合中国传统文脉与西方规划思想的中西合璧的澳门近代风景园林。在人们回顾澳门的城市发展历程时，澳门城市文化遗产的重要性日益成为关注焦点。19 世纪末 20 世纪初是澳门城市绿化环境大为改观的时期，在这期间修建的澳门风景园林数量多、品质高，营造出了令人赏心悦目、畅情抒怀的城市环境。同时，城市公园的出现对澳门营造内涵丰富的城市环境起到了关键作用。因此，对于澳门的风景园林进行研究具有十分重要的意义。澳门近代风景园林的修建与政府改善城市环境的政策相关，也与当地居民对居住环境的要求相关。澳门园林包括近代城市公园、公建庭院、炮台景观、私家花园、坟场园林、庙宇园林等，它们反映了澳门城市居民的美学价值观和在空间上的利益关系，以及澳门近代的城市化进程，对于澳门城市的形成和发展产生了不容忽视的影响。

由于历史原因，澳门近代风景园林有一部分已经被毁坏，而相关记录的缺失或不够详尽造成了澳门近代园林研究上的空白区域，这不能不说是一种遗憾。还有部分园林出于不同目的被多次改建，有的甚至已失去原有风貌，这也给研究增加了难度。笔者在研究中力求确保本书的时间真实性，即保证探讨的是"近代园林"。虽经多方面考证笔者能辨别出大多数近代园林，然而限于能力仍难免有所纰漏。

现有关于澳门近代风景园林的研究大多是专题性的园林史研究，仍然有广阔的领域和丰富的内容，如澳门近代风景园林对于岭南地区的影响、澳门城市景观特色的维系等，等待我们去探索和讨论。由于研究条件、时间、精力以及笔者个人学识水平的限制，本书只是一个专题研究的阶段性成果，在此基础上不断地进行补充和修改仍是必要的。希望读者能从多个角度对本书给予批评和指正，提出宝贵意见，使得对澳门园林的研究能够逐步完善并走向成熟。

感谢澳门特别行政区政府文化局对本项研究的大力支持。

在收集研究资料的过程中，笔者得到了澳门特别行政区文化局文化财产厅张鹊桥先生、澳门中央图书馆罗伟成先生的大力支持和帮助，正是他们提供的十分具有价值的文献资料使研究的开展和最终顺利完成成为可能。

感谢社会科学文献出版社对本书出版工作的大力支持，感谢各位编辑为本书的顺利出版付出的辛勤劳动。

最后，感谢我的先生刘天桢和爱子对我的无私包容，正是他们的支持，使我在十二年的从教生涯中，无论碰到什么样的困难和挫折，都能重拾信心。

童乔慧

图书在版编目（CIP）数据

澳门近代风景园林研究／童乔慧，张洁茹著. -- 北京：社会科学文献出版社，2016.12

（澳门文化丛书）

ISBN 978 - 7 - 5097 - 9764 - 8

Ⅰ . ①澳… Ⅱ . ①童… ②张… Ⅲ . ①园林设计 - 研究 - 澳门 - 近代 Ⅳ . ①TU986.2

中国版本图书馆 CIP 数据核字（2016）第 235222 号

·澳门文化丛书·

澳门近代风景园林研究

著　者／童乔慧　张洁茹

出 版 人／谢寿光
项目统筹／高明秀　沈　艺
责任编辑／王晓卿　廖涵缤

出　　版／社会科学文献出版社·当代世界出版分社（010）59367004
地址：北京市北三环中路甲 29 号院华龙大厦　邮编：100029
网址：www. ssap. com. cn
发　　行／市场营销中心（010）59367081　59367018
印　　装／北京季蜂印刷有限公司

规　　格／开　本：787mm × 1092mm　1/16
印　张：10.5　字　数：119 千字
版　　次／2016 年 12 月第 1 版　2016 年 12 月第 1 次印刷
书　　号／ISBN 978 - 7 - 5097 - 9764 - 8
定　　价／59.00 元

本书如有印装质量问题，请与读者服务中心（010 - 59367028）联系